北京理工大学“双一流”建设精品出版工程

Data Mining Techniques And Applications

数据挖掘技术与应用

由育阳 ◎ 编著

北京理工大学出版社
BEIJING INSTITUTE OF TECHNOLOGY PRESS

图书在版编目（CIP）数据

数据挖掘技术与应用 / 由育阳编著. —北京：北京理工大学出版社，2021.6（2023.2重印）
ISBN 978-7-5682-9257-3

Ⅰ.①数…　Ⅱ.①由…　Ⅲ.①数据采集　Ⅳ.①TP274

中国版本图书馆CIP数据核字（2020）第226348号

出版发行 / 北京理工大学出版社有限责任公司
社　　址 / 北京市海淀区中关村南大街5号
邮　　编 / 100081
电　　话 / (010)68914775(总编室)
(010)82562903(教材售后服务热线)
(010)68944723(其他图书服务热线)
网　　址 / http://www.bitpress.com.cn
经　　销 / 全国各地新华书店
印　　刷 / 廊坊市印艺阁数字科技有限公司
开　　本 / 787毫米×1092毫米　1/16
印　　张 / 10.5
彩　　插 / 1
字　　数 / 247千字
版　　次 / 2021年6月第1版　2023年2月第2次印刷
定　　价 / 68.00元

责任编辑 / 孙　澍
文案编辑 / 孙　澍
责任校对 / 周瑞红
责任印制 / 李志强

前 言

PREFACE

大数据时代，数据挖掘技术被越来越广泛应用于解决工程应用和科学领域的复杂问题。近年来数据科学相关技术更新较快，但“数据挖掘”课程的教材出版较少。从探索培养应用型人才所需要的数据挖掘知识体系的角度出发，我们组织编写了这本质量过硬、新颖实用的教材。本教材适用于数据科学相关的本科、研究生相关专业，包括自动化、计算机、生物信息、机械类、材料类等。

本教材编写的指导思想是面向应用型数据挖掘人才的相关知识体系，充分考虑应用能力与理论知识相结合。书中大部分内容参考了英文资料，大部分专业术语给出了中文介绍，但仍有一些术语保留英文原文，以供读者参考。

北京理工大学动力学与先进控制实验室的硕士研究生刘国正、俞云开、单文婧、刘玉征同学参加了本书的部分图表制作和文字校对工作。

欢迎广大数据科学工作者和感兴趣的读者对本书提出宝贵意见，以促进本教材质量的提高。

编　者

2021 年 6 月

目　录
CONTENTS

第1章　绪　　论

1.1　数据挖掘的定义

数据挖掘（Data Mining），通俗来讲就是在大量的数据中发现有用的信息。随着信息技术的发展，每天都会产生大量的数据，可以说我们正处于一个大数据的时代。面对如此海量的数据，传统的分析方法已不再适用，这就需要我们用新的技术工具从数据中找到隐藏的信息。数据挖掘这门新兴的学科涉及很多学科领域，它融合了统计学、人工智能、专家系统、智能数据库、知识获取、数据可视化及高性能计算等领域。

尽管目前对数据挖掘尚无明确的学科划定，从广义上来讲，数据挖掘先从巨大的数据体系或数据库里提炼出人们感兴趣的东西（可能在意料之中，也可能在意料之外）；或者说，从庞大的观察数据集中提炼并分析出不可轻易察觉或断言的关系，最后给出一个有用的、可以理解的结论。简单地说，数据挖掘就是在数据中发现数据之间的关系。数据挖掘也常被称为知识发现（Knowledge Discovery），因此许多知识发现中的算法——比如人工智能算法，常常被用于数据挖掘的过程中。尽管“数据挖掘”和“知识发现”的称谓在学术界并行，然而在产业界、媒体和数据库研究界，“数据挖掘”这一术语比“知识发现”更流行，因为前者更能够吸引投资者的视线，从而推动数据挖掘的使用和发展[1]。

数据挖掘有以下三个特点：

（1）数据量常常是巨大的。是否可以根据相关领域内的数据集找出数据关系即算法，使用全部数据还是随机数据或有目的地使用数据子集，能否高效地存取数据，这些问题都是数据挖掘工作者需要考虑的问题。

（2）数据挖掘面临的数据常常是为其他目的而收集的数据。这就为数据挖掘带来了一个问题，即收集数据时，可能没有收集一个或几个重要的变量，而这些变量在数据挖掘应用中被证明是有用的，甚至是至关重要的。

（3）数据挖掘工作者常常不愿把先验知识预先嵌入算法内，因为这样就等于做“假设检验”。数据挖掘常常要求算法可以主动地揭示一些数据的内在关系，结论的新颖性是衡量数据挖掘算法好坏的一个重要标准。当然，这些新颖性的结论必须是可以被人理解的，绝对不应该是漫无边际的奇怪结论。

1.2 为什么进行数据挖掘

1.2.1 数据挖掘的背景

在海量数据中发掘隐藏的信息这一需求是数据挖掘产生的前提。从古至今，人类就刻意地在生活的方方面面中搜索有用的数据信息。然而，随着信息量的快速增长，需要越来越多的更加自动、有效的数据挖掘方法。早期的方法如 18 世纪的贝叶斯定理和 19 世纪的回归分析是最早用于数据挖掘的技术。20 世纪，随着计算机的普及与计算机技术的不断发展，数据采集变得越来越容易，数据存储空间也显著扩大。随着数据规模的扩大和复杂性的增加，数据分析的难度也越来越大，相应地产生了自动数据处理的方法，这些方法给数据分析提供了诸多帮助。数据处理方法包括 20 世纪 50 年代的神经网络、聚类、遗传算法，20 世纪 60 年代的决策树，20 世纪 80 年代的支持向量机等[2]。

数据挖掘技术已经被企业、科研机构和政府使用很多年。它被用于筛选大量数据，如航空公司乘客旅行信息、人口数据和营销数据以生成市场研究报告，尽管这些报告有时不被认为是数据挖掘。

数据挖掘通常涉及四类任务：①分类，将数据划分成预定义的组；②聚类，类似于分类，但数据的分组不是预先定义好的，算法会尝试将相似的数据分组在一起；③回归，试图找到一个对数据建模误差最小的函数，并求解这个函数；④关联规则学习，寻找变量之间的关系[3]。

数据挖掘的功能包括数据特征描述、数据识别、关联分析、分类、聚类、离群值分析和数据演化分析等。数据特征描述是对目标数据类型特征的总结；数据识别是将目标类对象的一般特征与一个或一组对比类对象的一般特征进行比较；关联分析是发现数据关联规则的过程，关联规则显示属性值条件，属性值条件在给定的一组数据中经常同时出现；分类是寻找一组描述和区分数据类或概念的模型的过程，目的是使用模型预测类标签未知的对象的类；聚类分析数据对象时不参考已知的类模型；离群值和数据演化分析描述并模型化行为随时间变化的对象的规律或趋势[4]。

1.2.2 数据挖掘的意义

数据挖掘涉及有效的数据收集存储和计算处理。数据挖掘表现为使用数据处理算法分割数据和估计未来事件发生的概率。

数据挖掘是当前计算机行业热门的研究领域之一，涉及多种学科技术，如数据库技术、统计学、机器学习、高性能计算、模式识别、神经网络、数据可视化、信息检索、图像和信号处理以及空间数据分析等。随着计算机技术的发展，数据挖掘技术将会更加广泛和深入地应用到各个学科领域。

数据挖掘是从大量的、复杂的、不规则的、随机的、模糊的数据中获取隐含的、有潜在价值的知识和信息的过程。若将此项技术科学、合理地应用于商业领域之中，那么业界人士将能够在大量的数据信息之中获取对自己或者对企业有利用价值的信息数据，以此为标准制定商业决策，可以优化调整生产经营活动，创造较高的经济效益。无论是从科技的角度来讲还是从商业的角度来讲，数据挖掘技术的研发与应用都是非常有意义的。随着大数据的数据管理和检索技术研究的进步，数据挖掘技术将迎来巨大的发展机遇，其应用也将更加广泛，数据挖掘的工具也将更加强大。深入研究数据挖掘技术在各个领域之中如何有效地应用，发现数据挖掘技术的不足之处，能够为今后更加深入地研究和创新该项技术创造条件。

1.3 数据挖掘的应用

实际上数据挖掘技术从一开始就是面向应用的。目前，在很多重要的领域，数据挖掘技术都发挥着积极的作用。尤其是在银行、电信、保险、交通、零售（如超级市场）等商业应用领域，数据挖掘技术取得了显著的成就。数据挖掘能够帮助解决许多典型的商业问题，其中包括：数据库营销、客户群体划分、背景分析、交叉销售等市场分析行为，以及客户流失性分析、客户信用评分、欺诈发现等。

数据挖掘技术在企业市场营销中得到了比较广泛的应用，它以市场营销学的市场细分原理为基础，其基本假设是“消费者过去的行为是其今后消费倾向的最好说明”。通过收集、加工和处理涉及消费者消费行为的大量信息，确定特定消费群体或个体的兴趣、消费习惯、消费倾向和消费需求，进而推断出相应消费群体或个体下一步的消费行为。然后，以此为基础，对所识别出来的消费群体进行特定内容的定向营销。这与传统的不区分消费者对象特征的大规模营销手段相比，大大节省了营销成本，提高了营销效果，从而为企业带来更多的利润。

消费者的信息来自市场中的各种渠道。例如，每当使用信用卡消费时，企业就可以在信用卡结算过程中收集消费者的信息，记录下我们消费的时间、地点、感兴趣的商品或服务、愿意接受的价格水平和支付能力等数据。当我们在申办信用卡、办理汽车驾驶执照、填写商品保修单和其他需要填写个人信息的时候，我们的个人信息就存入了相应的业务数据库，企业除了自行收集相关业务信息之外，还可以从其他公司或机构购买此类信息为自己所用。

组合来自各种渠道的数据后，人们使用超级计算机，利用并行处理、神经元网络、模型化算法和其他信息处理技术处理组合后的数据，从中得到商家用于向特定消费群体或个体进行定向营销的决策信息。这些决策信息是如何应用的呢？例如，当银行通过对业务数据进行挖掘后，发现一个银行账户持有者突然要求申请双人联合账户，并且确认该消费者是第一次申请联合账户时，银行会推断该用户可能要结婚了，它就会向该用户定向推销用于购买房屋、支付子女学费等长期投资业务，银行甚至可能将该信息卖给专营婚庆商品和服务的公司。

在市场经济比较发达的国家和地区，许多公司都开始在原有信息系统的基础上通过数据挖掘对业务信息进行深加工，以构筑自己的竞争优势，增加自己的营业额。美国运通公司有一个用于记录信用卡业务的数据库，数据量达到上亿字符，并仍在随着业务增长不断更新。运通公司通过对这些数据进行挖掘，制定了“关联结算优惠”的促销策略，即如果一个顾客在一个商店用运通卡购买一套时装，在同一个商店再买一双鞋，就可以得到比较大的折扣，这样既可以增加商店的销售量又可以增加运通卡在该商店的使用率。例如，居住在英国伦敦的持卡消费者如果最近刚刚乘英国航空公司的航班去过巴黎，那么他可能会得到一张周末前往美国纽约的机票打折优惠卡。

商家通过数据挖掘技术制定营销策略，向消费者发出与其以前消费行为相关的推销材料。卡夫食品公司建立了一个拥有3 000万客户资料的数据库，数据库是通过收集对公司发出的优惠券等促销手段做出积极反应的客户的销售记录建立起来的，卡夫公司通过数据挖掘了解特定客户的兴趣和口味，并以此为基础向他们发送特定产品的优惠券，还为他们推荐符合客户口味和健康状况的卡夫产品食谱。美国的《读者文摘》出版公司运行着一个积累了多年的业务数据库，业务数据库中包含了全球一亿多位客户的消费信息，数据库每天 24 h 连续运行，保证数据不断得到实时更新。正是基于对客户资料数据库进行数据挖掘的优势，《读者文摘》出版公司才能够从通俗杂志扩展到专业杂志、书刊和音像制品等的出版业务。

数据挖掘还有其他的一些应用。

（1）在对客户进行分析方面：银行信用卡和保险行业，利用数据挖掘将市场分成有意义的群组和部门，从而协助市场经理和业务执行人员更好地集中于对效益有促进作用的活动并开拓新的市场。

（2）在客户关系管理方面：数据挖掘可以帮助商家找出产品的使用模式和了解客户行为，从而改进通道管理（如银行分支和 ATM 机等）。例如，正确时间销售就是基于顾客生活周期模型来实施的。

（3）在零售业方面：数据挖掘用于顾客购货篮的分析可以协助商家布置货架、安排促销活动时间、组合促销商品以及了解滞销和畅销商品状况等商业活动。通过对一种商品在各连锁店的市场共享、客户统计以及历史状况的分析，可以确保销售和广告业务的有效性。

（4）在产品质量保证方面：数据挖掘协助管理大数据变量之间的相互作用，并能自动发现某些不正常的数据分布，揭示制造和装配操作过程中的变化情况和各种因素，从而协助质量工程师及时地注意到问题发生的范围并采取改正措施。

（5）在网络容量利用方面：数据挖掘可以让企业了解客户使用聚集服务的结构和模式，从而指导企业人员对网络设施做出最佳的投资决策。

在各个企事业部门的业务中，数据挖掘在假伪检测、险灾评估、失误回避、资源分配、市场销售预测和广告投资等很多方面起着很重要的作用。例如在化学及制药行业，将数据挖掘用于大量化学信息可以发现新的有用的化学成分；在遥感领域，利用每天从卫星上及其他方面来的海量数据，数据挖掘能对气象预报、臭氧层监测等起很大的作用。自 20 世纪 90 年代开始出现数据挖掘商用软件以来，据不完全统计，1998 年年底 1999 年年初，已有 50 多个厂商从事数据挖掘系统的软件开发工作，美国数据挖掘产品市场在 1994 年达到 5 000 万美元，1997 达到 3 亿美元。从产品的类型来看，通常有以下五类产品。

（1）能够提供广泛的数据挖掘能力的产品，典型的有：IBM 公司的 Intelligent Miner、SAS 公司的 Enterprise Miner。

（2）旨在为某个部门求解问题的产品，典型的有：Unica 公司的 Response Modeler Segmentor、IBM 公司的 Business Application 等。

（3）与提供服务联系在一起的产品，典型的有：NeoVista、Hyperparallel、HNC Marksman。

（4）黑匣工具，典型的有：GroupModel、ModelMax、Predict。

（5）解决客户问题的产品，典型的有：Marketier Paregram、Exchange Application。

数据挖掘（知识发现）的目的是为企业决策提供正确的依据，从分析数据、发现问题到做出决策、采取行动这一系列操作是一个单位的动作行为，利用计算机及信息技术完成整体行动，是发挥机构活力和赢得竞争优势的唯一手段。人们将这种机构的手段称为“商业智能”（Business Intelligent，BI），BI 系统能极大地提高决策的质量和及时性，从而提高机构的生产率以发挥竞争优势。近年来，一些大公司将数据分析和数据挖掘工具及其有关技术组合起来，形成所谓的商业智能软件 BIS。其中 SAS 公司的 Enterprise Miner 就是将数据源、数据预处理、数据存储、数据分析与发掘、信息表示与应用等技术结合形成一个复杂的数据挖掘系统。

IBM 公司更全面地考虑了 BI 系统的结构和功能，与其他公司共同合作开发了各类 BI 软件和工具。开发 BI 软件需要从多方面加以考虑。首先必须有一个良好的数据库，为了能使企业管理与决策机制覆盖管理与决策的全阶段，IBM 提出了一个统一的数据库系统——DB2 和一个可视化数据仓库（Visual Data Warehouse，VDW）。它可以将各种应用和各部门的信息融为一体，利用可视化仓库联机分析处理（Online Analytical Processing，OLAP）工具可以生成实时报告。在信息发现和数据发掘工具方面，提出能对结构型和非结构型数据进行挖掘的一整套智能矿工家族。由于 BI 手段只有在好的数据基础上才能见效，因此 IBM 公司提出数据重组工具。由于向用户提供言之有据的信息是做出正确决策的前提，因此 IBM 公司又提出能支持异形数据库的 DataJointer（数据接合）。BI 系统是从数据到知识再到决策的进程中更深入的一步，展示了真正实用的智能信息系统的雏形。

1.4 数据挖掘的对象和常用方法

1.4.1 数据挖掘的对象

数据挖掘与传统的数据分析（如查询、报表、联机应用分析）的本质区别是数据挖掘是在没有明确假设的前提下去挖掘信息、发现知识的，因此数据挖掘所得到的信息应具备先前未知性、有效性和实用性三个特征。

先前未知的信息是指该信息是预先未曾预料到的，即数据挖掘要发现那些不能靠直觉发现的信息或知识，甚至是违背直觉的信息或知识，挖掘出的信息越是出乎意料，就可能越有价值。

数据挖掘可以针对任何类型的数据库进行，既包括传统的关系数据库，也包括非数据库组织的文本数据库、Web 数据库以及复杂的多媒体数据库等[5]。

1. 关系数据库

关系数据库具有坚实的数据基础、统一的组织结构、完整的规范化理论和一体化的查询语言等优点，是当前数据挖掘最重要、最流行、信息最丰富的数据源，是人们进行数据挖掘研究的主要形式之一。

2. 数据仓库

数据仓库是数据库技术发展的高级阶段，它是面向主题的、集成的、内容相对稳定的、随时间变化的数据集合，可以用来支持管理决策的制定。数据仓库允许将各种应用系统、多个数据库集成在一起，为统一的历史数据分析提供坚实的平台。

数据挖掘需要有良好的数据组织和“纯净”的数据，数据的质量直接影响到数据挖掘的效果，而数据仓库的特点恰恰最符合数据挖掘的要求。它从各类数据源中抓取数据，经过清洗、集成、选择、转换等处理，为数据挖掘所需要的高质量数据提供了保证。可以说，数据仓库为数据挖掘准备了良好的数据源，数据挖掘为数据仓库提供了有效的分析处理手段。因此，随着数据仓库与数据挖掘的协调发展，数据仓库必然成为数据挖掘的最佳环境。

3. 文本数据库

文本数据库所记载的内容均为文字，这些文字并不是简单的关键词，而是长句子、段落甚至全文。文本数据库多数为非结构化的，也有些是半结构化的，如 HTML、E－mail等。Web 网页也是文本信息，由众多的 Web 网页组成的数据库就是最大的文本数据库。当然，如果文本数据具有良好的结构，也可以使用关系数据库来实现。

4. 复杂类型的数据库

以复杂类型的数据库是指非单纯文本的数据库或能够表示动态序列数据的数据库，主要有以下几类[6]。

（1）空间数据库：主要指存储空间信息的数据库，其中数据可能以光栅格式提供，也可能用矢量图形数据表示。例如，地理信息数据库、卫星图像数据库、城市地下管道、下水道以及各类地下建筑分布数据库等。对空间数据库的挖掘可以为城市规划、生态规划、道路修建提供决策支持。

（2）时序数据库：主要用于存放与时间相关的数据，它可以用来反映随时间变化的即时数据或不同时间发生的不同事件，例如连续存放即时的股票交易信息、卫星轨道信息等。对时序数据的挖掘可以发现数据随时间的发展趋势、事物的演变过程和隐藏属性，这些信息对事件的计划、决策和预警是非常有用的。

（3）多媒体数据库：主要指用于存放图像、声音和视频信息的数据库。随着多媒体技术的发展以及相关研究（如可视化信息检索、虚拟现实技术）的进步，多媒体数据库也逐渐普及并应用于许多重要研究领域。目前，多媒体数据的挖掘主要集中在对图像数据的检索和匹配上，随着研究的深入将会拓展到对声音、视频信息的挖掘。

1.4.2 数据挖掘的常用方法

常用的数据挖掘方法有四大类，分别对应四个问题，这四个问题是数据挖掘的基础，分别是聚类挖掘、分类挖掘、关联模式挖掘和异常值检测。这四个问题很重要，因为它们涵盖了表示数据矩阵条目之间不同种类的正面、负面、监督或无监督关系的详尽情景。这些问题也以各种方式相互关联。

1. 分类技术

从分类问题的提出至今，已经衍生出很多具体的分类技术，下面介绍数据挖掘中四种最常用的分类技术。本章节尽量用简单易理解的语言来表述这些技术，之后的章节中我们会再次给读者详细讲解各种算法和相关原理。

在学习这些算法之前必须清楚一点，分类算法不会百分百准确。每个算法在测试集上的运行都会有一个准确率的指标。使用不同的算法建模的分类器（Classifier），在不同的数据集上也会有不同的表现[7]。

1）*K* 最近邻分类算法

K 最近邻（K－Nearest Neighbor，KNN）分类算法可以说是整个数据挖掘分类技术中最简单的方法。所谓 *K* 最近邻，就是 *K* 个最近的邻居，说的是每个样本都可以用它最接近的 *K*

个邻居来代表。

我们用一个简单的例子来说明 KNN 算法的概念。如果您住在一个市中心的住宅内，周围若干个小区的同类大小房子售价都在 280 万 ~300 万元，那么我们可以把您的房子和它的近邻们归类到一起，估计售价在 280 万 ~300 万元。同样，您的朋友住在郊区，他周围的同类房子售价都在 110 万 ~120 万元，那么他的房子和近邻的同类房子归类之后，售价也在 110 万 ~120 万元。

KNN 算法的核心思想是如果一个样本在特征空间中 K 个最近邻的样本中的大多数属于某一个类别，则该样本也属于这个类别，并具有这个类别的特性。该方法在确定分类决策上只依据最邻近的一个或者几个样本的类别来决定待分类样本所属的类别。KNN 算法在类别决策时，只与极少量的相邻样本有关。由于 KNN 算法主要靠周围有限的邻近样本，而不是靠判别类域的方法来确定所属类别，因此对于类域的交叉或重叠较多的待分样本集来说，KNN 算法比其他方法更为适合。

2）决策树

如果说 KNN 是最简单的算法，那决策树应该是最直观最容易理解的分类算法。最简单的决策树的形式是 if – then（如果 – 就）决策方式的树形分叉。

决策树上的每个结点要么是一个新的决策结点，要么是一个代表分类的叶子，而每一个分支则代表一个测试的输出。决策结点上做的是对属性的判断，而所有的叶子结点属于一类。决策树要解决的问题就是用哪些属性充当这棵树的各个结点，其中最关键的是根结点，在它的上面没有其他结点，其他所有的结点都是它的后继结点。

大多数分类算法（如下面介绍的神经网络、支持向量机（SVM）等）都是一种类似于黑盒子式的输出结果，你无法搞清楚具体的分类方式，而决策树让人一目了然，十分方便。决策树按分裂准则的不同可分为基于信息论的方法和最小 GINI 指数方法。

3）神经网络

在 KNN 算法和决策树算法之后，下面介绍神经网络[8]。神经网络就像一个爱学习的孩子，你教他的知识他不会忘记，而且会学以致用。我们把学习集中的每个样本输入到神经网络中，并告诉神经网络输出应该是什么分类。在全部学习集都运行完成之后，神经网络就根据学习集构建好了神经网络模型，构建模型的过程可以看作一个黑盒。然后，我们就可以把测试集中的测试例子用神经网络来分别做测试，如果测试通过（如 80% 或 90% 的正确率），那么神经网络就构建成功了，就可以用这个神经网络来判断事物的类别。

神经网络是通过对人脑的基本单元——神经元的建模和连接，探索模拟人脑神经系统功能的模型，这种模型是一种具有学习、联想、记忆和模式识别等智能信息处理功能的人工系统。神经网络的一个重要特性是它能够从环境中学习，把学习的结果分别存储于网络的突触连接中。神经网络的学习是一个过程，在其所处环境的激励下，相继给网络输入一些样本模式，并按照一定的规则（学习算法）调整网络各层的权值矩阵，网络各层权值都收敛到一定值时学习过程结束。

4）支持向量机

与上面的三种算法相比，支持向量机算法可能会有一些抽象。因此，可以这样理解，尽量把样本中从更高的维度看起来在一起的样本分为一类。例如，在一维（直线）空间里的样本从二维平面上可以把它们分成不同类别，而在二维平面上分散的样本如果我们从三维

(3D) 空间上来看就可以对它们做分类[9]。

支持向量机算法的目的是找到一个最优超平面，使分类间隔最大。最优超平面就是要求分类超平面不但能将两类样本正确分开，而且使分类间隔最大。在两类样本中离分类超平面最近且位于平行于最优超平面的超平面上的点就是支持向量，为找到最优超平面，只要找到所有的支持向量即可。对于非线性支持向量机，通常的做法是把线性不可分的数据转化成线性可分的数据，通过一个非线性映射将低维输入空间中的数据特征映射到高维线性特征空间中，在高维空间中求线性最优分类超平面。

由于支持向量机算法自问世以来就被认为是效果最好的分类算法，所以是我们在做数据挖掘应用时很看重的一个算法。

2. 聚类技术

聚类技术是一种重要的人类行为，早在孩提时代，一个人就能不断改进意识中的聚类模式来学会如何区分猫、狗、动物、植物。聚类技术在许多领域都得到了广泛的研究和成功的应用，如模式识别、数据分析、图像处理、市场研究、客户分割、Web 文档分类等。

聚类就是按照某个特定标准（如距离准则）把一个数据集分割成不同的类或簇，使得同一个簇内数据对象的相似性尽可能大，同时不在同一个簇中的数据对象的差异性也尽可能大。即聚类后同一类的数据尽可能聚集到一起，不同类的数据尽量分离。聚类技术正在蓬勃发展，对此有贡献的研究领域包括数据挖掘、统计学、机器学习、空间数据库技术、生物学以及市场营销等。各种聚类方法也被不断地提出和改进，而不同的方法适合于不同类型的数据，因此对各种聚类思想、聚类效果进行比较成为值得研究的课题。

目前，数据挖掘领域有大量的聚类算法。而对于在具体应用中，聚类算法的选择取决于数据的类型和聚类的目的。聚类分析是描述或探查数据的工具，可以对同样的数据尝试多种算法，以发现数据可能揭示的结果。

聚类算法主要可以划分为如下几类：划分方法、层次方法、基于密度的方法、基于网格的方法以及基于模型的方法。每一类聚类算法都被广泛地应用于数据挖掘中，例如，划分方法中的 K – Means 聚类算法、层次方法中的凝聚型层次聚类算法、基于模型方法中的神经网络聚类算法等。

目前，聚类问题的研究不仅仅局限于上述硬聚类，即每一个数据只能被归为一类，模糊聚类也是聚类分析中研究较为广泛的一个分支。模糊聚类通过隶属函数确定每个数据隶属于各个簇的程度，而不是将一个数据对象硬性地归类到某一簇中。目前，已有很多关于模糊聚类的算法被提出，如著名的 FCM 算法等。

3. 异常值检测

异常值检测的目标是发现与大部分对象不同的对象。通常，异常对象被称作离群点。异常值检测也称偏差检测，异常对象的属性值往往明显偏离期望或常见的属性值，因为异常在某种意义上是例外的，所以异常值检测又被称为例外挖掘。

异常值检测问题可以被看作两个子问题：①在给定的数据集合中定义什么样的数据可以被认为是不一致的；②找到一个有效的方法来挖掘这样的异常点。现在比较成熟的异常点检测方法主要有以下几类：基于统计的方法、基于距离的方法、基于偏差的方法、基于密度的方法、高维数据的异常检测。

基于统计的异常检测方法对给定的数据集合假设了一个分布或概率模型（如一个正态

分布），然后根据模型采用不一致检验确定异常点。基于统计的异常检测方法对于有一定分布规律的数据集合效果是明显的，但是大多数情况下，数据的分布都是未知的。基于距离的异常检测方法根据对象间的距离来探测不一致的对象。它根据在特定领域内某一对象所包含的相邻对象数目是否足够多来判断该对象是否异常。基于偏差的异常检测通过检查一组对象的主要特征来确定异常点，与其他对象有显著不同的对象被认为是异常点。常用的基于偏离的异常点检测技术有序列异常技术、OLAP 数据立方体技术等。基于密度的方法通过计算数据集中数据点的局部异常因子来检测局部异常数据点。高维数据的异常检测通过把高维数据映射到低维子空间，根据子空间映射数据的稀疏程度来确定异常数据的存在。

4. 关联规则挖掘

关联规则挖掘是数据挖掘中一个很重要的课题，顾名思义，它是从数据背后发现事物之间可能存在的关联。举个简单的例子，通过调查商场里顾客买的东西可以发现，30% 的顾客会同时购买床单和枕套，而购买床单的人中有 80% 购买了枕套。这里面就隐藏了一条关联：床单——枕套，也就是说很大一部分顾客会同时购买床单和枕套，那么对于商场来说，可以把床单和枕套放在同一个购物区，那样就方便顾客进行购物了。

数据关联是数据库中存在的一类重要的可被发现的知识。若两个或多个变量的取值之间存在某种规律性，就称为关联。关联可分为简单关联、时序关联和因果关联。关联分析的目的是找出数据库中隐藏的关联网。有时并不知道数据库中数据的关联函数，即使知道也是不确定的，因此关联分析生成的规则带有可信度。关联规则挖掘发现大量数据中项集之间有趣的关联，即可以根据一个数据项的出现推导出其他数据项的出现。阿格拉瓦尔等于 1993 年首先提出了挖掘顾客交易数据库中项集间的关联规则问题，在此之后很多的研究人员对关联规则的挖掘问题进行了大量的研究。他们的工作包括对原有的算法进行优化，如引入随机采样与并行的思想以提高算法挖掘规则的效率，对关联规则的应用进行推广。关联规则挖掘是数据挖掘中的一个重要课题，最近几年已被业界广泛研究。关联规则的挖掘过程主要包括两个阶段：第一阶段是从海量原始数据中找出所有的高频项目组；第二阶段是从这些高频项目组中产生关联规则。

关联规则挖掘在电商、零售、大气物理、生物医学等领域已经有广泛的应用。在金融行业中，关联规则挖掘技术已经被广泛应用于预测客户的需求，各银行在自己的 ATM 机上通过捆绑客户可能感兴趣的信息供用户了解，同时获取相应信息来改善自身的营销。

1.5 数据挖掘的主要问题

本书介绍了数据挖掘的主要问题，包括挖掘技术、用户界面、性能和各种数据类型。

1. 数据挖掘技术和用户界面问题

该问题反映所挖掘的知识类型、在多粒度上挖掘知识的能力、领域知识的使用、特定的挖掘和知识显示。

（1）在数据库中挖掘不同类型的知识：由于不同的用户可能对不同类型的知识感兴趣，数据挖掘系统应当覆盖广阔的数据分析和知识发现任务，包括数据特征、区分、关联、聚类、趋势、偏差分析和类似性分析。这些任务可能以不同的方式使用相同的数据库，并需要开发大量的数据挖掘技术。

(2) 多个抽象层的交互知识挖掘：由于很难准确地知道能够在数据库中发现什么，数据挖掘过程应当是交互的。对于包含大量数据的数据库，应当使用适当的选样技术，进行交互式数据探查。交互式挖掘允许用户聚焦搜索模式，根据返回的结果提出和精炼数据挖掘请求。特殊地，类似于 OLAP 在数据上做的那样，应当通过交互的方式在数据空间和知识空间下钻、上卷、挖掘知识。用这种方法，用户可以与数据挖掘系统交互，以不同的粒度和从不同的角度观察数据和发现模式。

(3) 结合背景知识：可以使用背景知识或关于所研究领域的信息来指导发现过程，并使得发现的模式以简洁的形式、在不同的抽象层表示。关于数据库的领域知识，如完整性限制和演绎规则，可以帮助聚焦和加快数据挖掘过程，或评估发现模式的兴趣度。

(4) 数据挖掘查询语言和特定的数据挖掘：关系查询语言（如 SQL）允许用户进行特定的数据提取查询。类似地，需要开发高级数据挖掘查询语言，使用户通过说明分析任务的相关数据集、领域知识、所挖掘的数据类型以及被发现的模式必须满足条件和兴趣度限制，描述特定的数据挖掘任务。将这种语言与数据库查询语言集成，对数据挖掘起着重要的作用。

(5) 数据挖掘结果的表示和显示：发现的知识应当用高级语言、可视化表示形式或其他表示形式表示，使知识易于理解，能够直接被人使用。如果数据挖掘系统是交互的，数据挖掘结果的表示和显示这一点便尤为重要。这要求系统采用有表达能力的知识表示技术，如树、表、图、图表、交叉表、矩阵或曲线。

(6) 处理噪声和不完全数据：数据库中可能存在噪声、异常或信息不全的数据。这些数据可能搞乱分析过程，导致数据与所构造的算法模型过拟合，使发现模式的精确性变差。需要采用处理数据噪声的数据清洗方法和数据分析方法，以及发现和分析例外情况的局外者挖掘方法。

(7) 模式评估——兴趣度问题：数据挖掘系统可能发现数以千计的模式。对于给定的用户，许多模式不是有趣的，它们表示平凡或缺乏新颖性的知识。关于开发模式兴趣度的评估技术，特别是对于给定用户类，基于用户的信赖或期望，评估模式价值的主观度量，仍然存在一些挑战。使用兴趣度度量，进而发现过程和压缩搜索空间，是一个活跃的研究领域。

2. 性能问题

性能问题包括数据挖掘算法的有效性、可规模性和并行处理。

(1) 数据挖掘算法的有效性和可规模性：为了有效地从数据库中的大量数据提取信息，数据挖掘算法必须是有效的和可规模化的，即对于大型数据库，数据挖掘算法的运行时间必须是可预计的和可接受的。从数据库角度来讲，有效性和可规模性是数据挖掘系统实现的关键问题。前面讨论的挖掘技术和用户交互的大多数问题，也必须考虑有效性和可规模性。

(2) 并行、分布和增量挖掘算法：许多数据库中大容量数据的广泛分布和一些数据挖掘算法的计算复杂性是促使开发并行和分布式数据挖掘算法的因素。这些算法将数据划分成部分，这些部分可以并行处理，然后合并每部分的结果。此外，有些数据挖掘过程的高花费导致了对增量数据挖掘算法的需要。增量算法与数据库更新结合在一起，而不必重新挖掘全部数据。这种算法渐增地进行知识更新，修正和加强先前已发现的知识。

3. 关于数据库类型的多样性问题

(1) 关系的和复杂的数据类型处理：由于关系数据库和数据仓库已经广泛使用，因此对它们开发有效的数据挖掘系统是重要的。数据库中包含复杂的数据对象、超文本和多媒体数据、空间数据、时间数据、事务数据。由于数据类型的多样性和数据挖掘的目标不同，指望用一个系统挖掘所有类型的数据是不现实的。为挖掘特定类型的数据，应当构造特定的数据挖掘系统，即对于不同类型的数据有不同的数据挖掘系统。

（2）由异种数据库和全球信息系统挖掘信息：局域和广域（如 Internet）计算机网络连接了许多数据源，形成了庞大的、分布的和异种的数据库。从具有不同数据语义的结构的、半结构的和无结构的不同数据源发现知识，对数据挖掘提出了巨大挑战。数据挖掘可以帮助发现多个异种数据库中的数据规律，这些规律多半难以被简单的查询系统发现，并可以改进异种数据库信息交换和协同操作的性能。Web 挖掘发现关于 Web 连接、Web 使用和 Web 动态情况的有趣知识，已经成为数据挖掘的一个非常具有挑战性的领域。

以上问题是数据挖掘技术未来发展的主要挑战。在近年来的数据挖掘研究和开发中，一些挑战已经得到解决，而另一些挑战仍处于研究阶段。

1.6 数据挖掘在睡眠分期中的应用

1.6.1 睡眠分期的背景

伴随睡眠医学的迅速兴起与高速发展，世界各地纷纷建立睡眠中心，各睡眠中心又在 Allan Rechtschaffen 和 Anthony Kales 的基础上依据自己的标准将睡眠划分方法做了不同的改进，这就需要重新制定一个更全面、更科学的睡眠标准判定系统。2007 年，美国睡眠医学学会（American Academy of Sleep Medicine，AASM）在众多专家的共同努力下，经多方研究与论证制定了新的睡眠判读指南。新的判读指南沿用了旧标准中有关睡眠分期的基本划分规则，但是将非快速眼动（Non－rapid Eye Movement，NREM）睡眠中的 3 期与 4 期合称为 NREM 3 期睡眠，不再对其进行进一步划分；另外，新的判读指南虽然对每一个睡眠分期的基本判读规则未做变动，却对每一个分期的起始与结束部分做了详细注解，并提出了部分变更。新的判读指南对技术条件做了详细要求，尤其针对睡眠呼吸事件部分做了较多变更。在此，仅针对新的判读指南中有关睡眠分期的成人判定规则做简单介绍[10]。

多导睡眠监测仪（PSG）是用于诊断和治疗睡眠紊乱性疾病的仪器，主要用来诊断日间过度嗜睡的睡眠紊乱性疾病。

PSG 可同时记录多种生理特征，包括睡眠及清醒期、呼吸、心脏循环功能和体动等。睡眠分期是根据脑电图、眼动图和某些骨骼肌如下颌肌的肌电图进行的。除了能进行睡眠分期的评估外，PSG 还能记录气流、呼吸努力、心电图、血氧含量以及腿部肌肉运动（尤其双侧的胫前肌等）鼾声和体位也是 PSG 记录中两项重要的指标；有些睡眠室的 PSG 监测还可扩展记录食管内压和食管 pH 值。

睡眠分期的测定内容：

1. 脑电图

根据国际 10－20 电极安置系统安放 EEG 电极位置：为了采集前额、中央区和枕部的脑电活动信号，至少需要三组脑电电极。推荐使用的脑电电极组合包括 F4－M1、C4－M1 和 O2－M1。M1 和 M2 分别放在左、右乳突部位做参考电极。此外，建议在 F3、C3、O1 和 M2 放置备用电极，形成 F3－M2、C3－M2 和 O1－M2 电极组合，以免采集过程中出现电极故障，如图 1－1 所示。

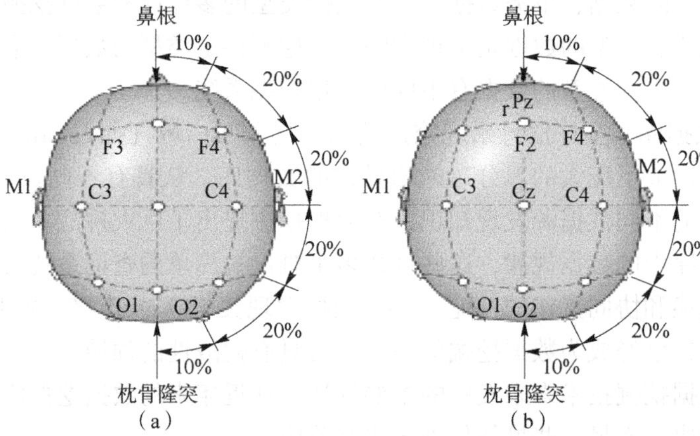

图 1－1　脑电图电极放置模式图

（a）推荐导联；（b）可接受导联

2. 眼动图

推荐使用的眼电电极组合：E1－M2（E1 放置在左眼外眦下 1 cm）；E2－M2（E2 放置在右眼外眦上 1 cm），如图 1－2 所示。

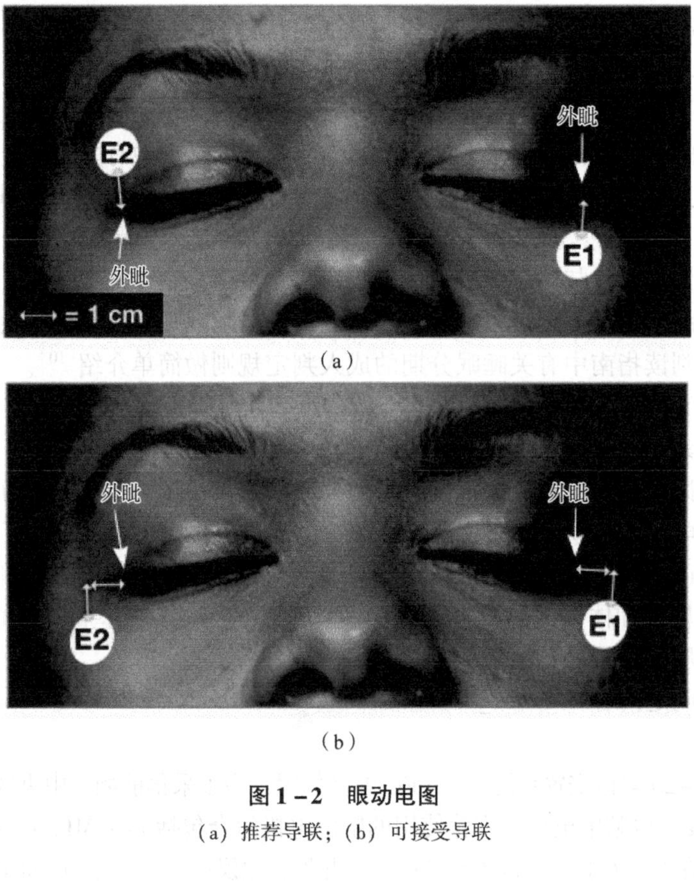

（b）

图 1－2　眼动电图

（a）推荐导联；（b）可接受导联

3. 肌电图

（1）需要放置三个电极记录下颏肌电：一个放在下颌骨边缘中点以上 1 cm；一个放置在下颌骨边缘中点右、下各 2 cm；一个放置在下颌骨边缘中点左、下各 2 cm。

（2）标准下颏肌电组合是由任意一个下颌骨下的电极和下颌骨上的电极组成的，放置另一个下颌骨下电极是为了在有一个电极掉的时候仍可以记录到下颏肌电活动，如图 1－3 所示。

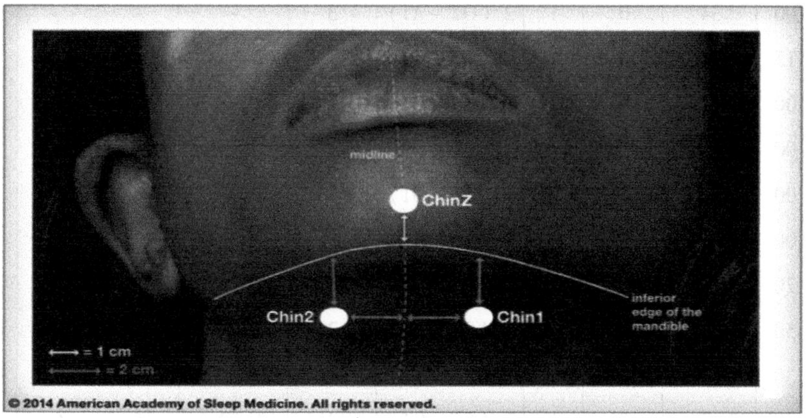

图 1－3 记录颏肌电电极放置

1.6.2 常用睡眠分期数据库

1. MIT－BIH 多导睡眠图数据库

MIT－BIH 多导睡眠图数据库收集了睡眠期间多种生理信号的记录。实验对象在波士顿的 Beth Israel 医院睡眠实验室接受监测，以评估慢性阻塞性睡眠呼吸暂停综合征，并测试持续正压气道（Continuous Positive Airway Pressure，CPAP）的效果。CPAP 是一种标准的治疗干预手段，通常可以预防或显著减少这些受试者的气道阻塞。该数据库包含超过 80 h 的 4 通道、6 通道和 8 通道多导睡眠图记录，每个记录都有一个心电图信号逐次标注，脑电图和呼吸信号根据睡眠阶段和呼吸暂停进行标注。

每个记录都包含一个头文件（. hea）、一个短文本文件，其中包含关于信号类型、校准常量、记录长度以及（在文件的最后一行）受试者的年龄、性别和体重（单位为 kg）的信息。在该数据库中，所有 16 名受试者均为男性，年龄在 32～56 岁（平均年龄 43 岁），体重在 89～152 kg（平均体重 119 kg）。

记录 slp01a 和 slp01b 是受试者多导睡眠图的片段，如表 1－1 所示。间隔约 1 h；记录 slp02a 和 slp02b 是另一受试者多导睡眠图的片段，间隔为 10 min；其余 14 项记录均来自不同受试者。

所有的记录包括心电图信号、侵入性血压信号（通过桡动脉导管测量）、脑电图信号和呼吸信号（在大多数情况下，来自鼻腔热敏电阻）。六声道和七声道记录还包括由电感体积描记法导出的呼吸力信号；部分记录包括 EOG 信号和 EMG 信号（来自人的下巴），其余的包括心搏输出量信号和耳垂血氧计信号。表 1－1 总结了每条记录的内容。

表 1-1 MIT-BIH 部分受试者记录

受试者编号	时长	AHI	ECG	BP	EEG	Resp (nasal)	Resp (pleth[1])	EOG	EMG	SV	SO_2
slp01a	2:00	17	0	1	2 (C4-A1)	-	3 (S)	-	-	-	-
slp01b	3:00	22.3	0	1	2 (C4-A1)	-	3 (S)	-	-	-	-
slp02a	3:00	34	0	1	2 (O2-A1)	3	-	-	-	-	-
slp02b	2:15	22.2	0	1	2 (O2-A1)	3	-	-	-	-	-
slp03	6:00	43	0	1	2 (C3-O1)	3	-	-	-	-	-
slp04	6:00	59.8	0	1	2 (C3-O1)	3	-	-	-	-	-
slp14	6:00	30.7	0	1	2 (C3-O1)	3	-	-	-	-	-
slp16	6:00	53.1	0	1	2 (C3-O1)	3	-	-	-	-	-
slp32	5:20	22.1	0	1	2 (C4-A1)	3	4 (C)	5	6	-	-
slp37	5:50	100.8	0	1	2 (C4-A1)	3	4 (A)	5	6	-	-
slp41	6:30	60 [2]	0	1	2 (C4-A1)	3	4 (A)	5	6	-	-
slp45	6:20	5 [2]	0	1	2 (C3-O1)	3	4 (A)	5	6	-	-
slp48	6:20	46.8	0	1	2 (C3-O1)	3	4 (C)	5	6	-	-
slp59	4:00	55.3	0	1	2 (C3-O1)	3	4 (A)	-	-	5	6
slp60	5:55	59.2	0	1	2 (C3-O1)	4	3 (A)	-	-	5	6
slp61	6:10	41.2	0	1	2 (C3-O1)	-	3 (A)	-	-	4	5
slp66	3:40	65.5	0	1	2 (C3-O1)	3	4 (A)	-	-	5	6
slp67x	1:17	0.7	0	1	2 (C3-O1)	3	4 (C)	-	-	5	6

每个记录包含两个注释文件，其中 *.ecg 文件包含节拍注释，*.st 文件包含睡眠阶段和呼吸暂停注释。关于 *.ecg 文件中注释类型的信息包含在 WFDB (Waveform-database) 程序员指南中。*.st 文件是注释，包含了 aux 字段中的睡眠分期和呼吸暂停信息，*.st 文件适用于注释之后的 30 s 记录。编码方案如表 1-2 所示。

表 1-2 编码方案

辅助标记	含义	辅助标记	含义
W	受试者清醒	OA	阻塞性呼吸暂停
1	睡眠 S1 期	X	阻塞性呼吸暂停伴觉醒
2	睡眠 S2 期	CA	中枢性呼吸暂停
3	睡眠 S3 期	CAA	中枢性呼吸暂停伴觉醒
4	睡眠 S4 期	L	腿部运动
R	快速眼动睡眠	LA	腿部运动伴觉醒
H	呼吸浅慢	A	未指明的觉醒
HA	呼吸浅慢伴觉醒		

2. Sleep - EDF 数据库

Sleep - EDF 数据库包含 197 个整夜多导睡眠记录，包括 EEG、EOG、EMG 和事件标记。其中一些记录还包括呼吸和体温。相应的睡眠图（睡眠阶段）由专业的技术人员根据 Rechtschaffen&Kales 手册手动评分。

1）数据和注释文件

多导睡眠图的 * PSG. edf 格式文件是包含脑电图（来自 Fpz - Cz 和 Pz - Oz 电极位置）、EOG（水平）、颏下肌电图和事件标记的整夜睡眠记录。* PSG. edf 文件中通常也包含口鼻呼吸气流和直肠体温信息。* Hypnogram. edf 文件包含与 PSG 对应的睡眠阶段注释。这些阶段（多导睡眠图）包括睡眠阶段 W、R、1、2、3、4、M（运动时间）和?（无法判断）。所有的睡眠图都是由专业的技术人员根据 1968 年的 Rechtschaffen & Kales 手册进行人工评分得出的（通过睡眠图文件名的第 8 个字母进行识别），依据的是 Fpz - Cz/Pz - Oz 通道的脑电图数据。

所有 EDF 头字段文件符合 EDF + 规范，将未记录的信号从 ST * PSG. edf 文件中删除。将 EDF 中的 PSG 文件格式化，在 EDF + 中存放睡眠图。每个 EDF 和 EDF + 文件都有一个标头，用于指定患者（这些文件对患者匿名，仅显示表示性别和年龄）、记录详细信息（特别是记录的时间段）以及信号的特征（包括它们的振幅校准）。

2）睡眠卡带研究和数据

153 个 SC * 文件（睡眠卡带，Sleep Cassette）是 1987—1991 年一项针对年龄在 25 ~ 101 岁的健康白种人睡眠影响的研究中获得的，受试者没有使用任何睡眠相关的药物。在连续的两个白天和晚上，研究人员分别记录了两组约 20 h 的 PSG。受试者进行正常的生理活动，但是要戴着一个类似随身听的磁带录音机。

文件以 SC4ssNE0 - PSG. edf 的形式命名，其中 ss 是受试者编号，N 代表夜间。受试者 36 和 52 的第一个晚上以及受试者 13 的第二个晚上的数据由于卡带或激光磁盘的故障而丢失。以 100 Hz 的采样频率采集 EOG 和 EEG 信号。对分段 EMG 信号进行高通滤波、校正和低通滤波后，1 Hz 采样得到以 μV 均方根表示的 EMG 包络线（均方根）。以 1 Hz 的频率采集口鼻气流、直肠体温和事件标记。

3）睡眠遥测（Sheep Telemetry）研究和数据

44 个 ST * 文件是在 1994 年一项研究中获得的，研究对象是 22 名没有服用其他药物的白人男性和女性。受试者有轻微的入睡困难，但是其他方面都很健康。在医院的两个晚上记录了约 9 h 的 PSG，一个是受试者服用安定药物后的，另一个是受试者服用安慰剂后的。受试者戴着微型遥测系统，其信号质量非常好。

文件以 ST7ssNJ0 - PSG. edf 格式命名，其中 ss 是受试者编号，N 代表夜间。分别在 100 Hz 采样 EOG、EMG、EEG 信号，以 1 Hz 的频率采样事件标记。

1.6.3 睡眠分期中的数据挖掘

睡眠作为人类的本能贯穿始终，有效地调节着脑部和整个神经系统，它的重要性仅次于呼吸和心跳。目前，世界卫生组织已经将睡眠质量作为评价人类健康的标准之一。睡眠是人类必要的生理活动，是机体恢复必需的生理需求。根据世界卫生组织调查，全世界约 1/3 的人有睡眠问题，睡眠质量的好坏直接影响着人类的身体及心理健康。因此，睡眠质量越来越受到心理学、医学等相关领域的关注，并且已经成为衡量个体及群体生活质量高低的重要指标。

良好的睡眠能提高大脑皮质的功能，有利于增强记忆力、提高智力、缓解疲劳、集中注意力，并有提高工作效率和缓解压力的作用。因此，有必要了解睡眠的具体内容，对睡眠结构及睡眠特性进行研究，揭示睡眠内部机制，改善睡眠质量，提高生活品质。

随着社会建设进程的加快和生活方式的改变，睡眠问题已经遍及全世界，越来越多的人遭受各种睡眠相关疾病的折磨与困扰。在我国，约30%的人遭受过失眠症状的侵扰，其中年龄在30~55岁的社会中坚力量人群占失眠人数的50%以上，尤其是脑力劳动者、管理干部等人员。不仅如此，睡眠问题如今已从个人问题上升到集体现象，不可避免地诱发了一系列的社会问题。据美国一份调查显示，55%的工地事故和45%的车祸源于睡眠问题。睡眠问题的盛行不仅对人们的工作效率、家庭稳定等方面产生消极影响，在某种程度上已经成为一种社会问题。因此人们亟须将解决睡眠问题摆到议程上来。

为了引起人们对睡眠质量的关注，提高人们对睡眠重要性的认识。2001年，国际精神卫生和神经科学基金会将每年的3月21日定为“世界睡眠日”；2003年，中国睡眠研究会把“世界睡眠日”引入中国。

对睡眠的观察和监护是医学的重要课题，是研究人类生命机理的重要窗口。临床上对睡眠和休息效果的判定，不仅要看睡眠时间的长短，更重要的是睡眠的深度。研究发现，睡眠过程有复杂的结构和多种生理变化。首先可以将其分期，因为各期的睡眠效果和生理过程有很大不同，所以睡眠的研究常从正确的分期开始，这也为进一步研究睡眠中的生理过程打下了基础。睡眠分期是研究睡眠质量、诊断睡眠疾病的基础，对相关睡眠疾病的预防、诊断和治疗有着重要的临床意义。

现在睡眠分期的主要方法是由医生直接进行人工判读，一般需要将近2 h的工作量，工作非常繁杂与沉闷，有时还会失去判读和评估的准确性。由于近年来环境改变、社会发展等因素，睡眠疾病变得越来越普遍并且难以预测。虽然近几年睡眠监测方法慢慢兴起，但是由于需要睡眠监测的人群庞大，睡眠持续时间长，由此产生的数据量巨大而繁杂。如果持续用人力判读的方法进行睡眠分期，对医院睡眠监测中心的人力、资源和成本都是极大的消耗，工作效率也会极大的降低，有时可能耽误患者的诊断治疗，造成不可预估的后果。

由于经济发展、医疗水平和医疗资源分配的不平衡，不是每个地区都有足够的财力和人力购买和使用多导睡眠监测仪器，医疗资源也相当匮乏。虽然，现在随着互联网技术的发展和大屏时代的来临，远程医疗技术的发展相当迅速，但是由于地域和网络资源分配的影响，这种模式并不适合医疗大规模的发展和展开。基于上述现状，研究睡眠分期中的数据挖掘具有重要意义，自动睡眠分期算法不仅可以提高睡眠分期的准确性和真实性，而且可以发展睡眠监测的低负荷化，同时改变人工判读工作的烦闷与枯燥，为实现睡眠监测全自动化打下基础。

参考文献

[1] Tan P N, Steinbach M, Kumar V. 数据挖掘导论 [M]. 范明，等译北京：人民邮电出版社，2006.

[2] 朱明. 数据挖掘 [M]. 2 版. 合肥：中国科学技术大学出版社, 2008.
[3] 吕晓玲, 谢邦昌. 数据挖掘：方法与应用 [M]. 北京：中国人民大学出版社, 2009.
[4] 梁循. 数据挖掘算法与应用 [M]. 北京：北京大学出版社, 2006.
[5] Han J W, Kamber M, Pei J, 等. 数据挖掘：概念与技术 [M]. 孟小峰, 译北京：机械工业出版社, 2012.
[6] 梁循. 数据挖掘：建模、算法、应用和系统 [J]. 计算机技术与发展, 2006, 01：1-4.
[7] 李航. 统计学习方法 [M]. 北京：清华大学出版社, 2012.
[8] 陈志泊, 韩慧, 王建新, 等. 数据仓库与数据挖掘 [M]. 北京：清华大学出版社, 2009.
[9] 周志华. 机器学习 [M]. 北京：清华大学出版社, 2016.
[10] 王菡侨. 有关美国睡眠医学学会睡眠分期的最新判读标准指南解析 [J]. 诊断学理论与实践, 2009, 06：575-578.

第 2 章　数据描述和预处理

数据挖掘是基于现有的工具，解决特定领域的特定问题。了解数据，进而深刻理解数据的内在规律，是进行有效数据挖掘的关键。本章介绍了数据描述的基本概念、数据的基本类型以及数据质量。数据可视化和数据预处理均为有效的辅助挖掘手段，技巧性高，我们同样在本章对其予以介绍。

2.1　数据描述

真实数据是不完美的，噪声、离群点、默认值、数据偏差、标签错误、数据量不足等问题广泛存在。此外，为了实际应用，可能需要将一些连续属性离散化（如将长度数值转化成长中短的描述）。数据中存在大量属性，做技术分析时，需要分析确定有效的属性，以减少所用属性的数量。我们可以基于常识提高数据的质量，也可以利用数据对象之间的联系进行分析。例如，通过计算对象间的相似度或距离，进行聚类、分类或异常检测。通常，数据集可看作是数据对象的集合。数据对象的其他名称有记录、点、向量、时间、样本、模式、实体和观测等。数据对象使用一系列刻画其基本特性的属性进行表征，例如，使用质量表征一个质点。相关的定义如下。

定义 2.1　属性是对象的性质或特性，它因对象而异或随时间变化。

例如，眼球的颜色因人而异，烤肉的色泽随时间而变化。在最基本的层面中，属性并非数字或符号。为了计算机处理的方便，在实际应用中，需要使用数字和符号，选取合适的属性进行赋值。为了定义更为明确，需要统一测量标度（见定义 2.2）。

定义 2.2　测量标度是将数值或符号值与对象属性相关联的规则（函数）。

在形式上，测量过程是使用测量标度将一个值和一个特定对象的属性进行关联的过程。例如，确定测量的电压值和电流值，将人的性别分为男女。一个对象属性的“具有物理意义的值”可以被映射到数值或符号值，例如，可以用“220 V”这一数值描述实际的电压大小。属性与用来度量它的值有不同的性质，例如，我们的身份证中使用长整数和字母，使得每个人具有独一无二的标识号。其中的整数若直接用于比较大小，则毫无意义。将身份证号切分后，可以得到基于年月日表达的数字串。明确属性的类型，我们就明确了可以使用属性的哪些性质，从而可以避免期望仅使用一些身高数据就可以获得准确的体重估计值之类的无意义行为。通常，待描述的属性的类型与测量标度的类型一致。

2.2 数据类型

随着数据挖掘的发展和不断成熟，产生了更多类型的数据。在各行业研究人员的推动下，大量数据集被建立。本节主要介绍一些常见的数据类型。对于这些类型的数据，其处理和读入流程都有丰富的资料，复用性好。我们在此介绍数据的一般特性，以及记录数据、基于图形的数据和有序数据这三种数据类型。

2.2.1 数据的一般特性

下述特性在许多数据中均适用。

(1) 维度：数据中的维度是数据中具有的属性数目。中、高维度的数据和低维度的数据常常有质的不同。对高维度的数据进行挖掘，可能会遇到“维度灾难”。因此，数据预处理的一个重要步骤是维归约 (Dimensionality Reduction)，又称为降维。

(2) 稀疏性：对于一些数据，一个对象的大部分属性值为0，非零项不到1%。因为只有非零值需要存储、处理，所以具有稀疏性能会节约大量存储空间和计算时间。有些数据挖掘方法仅适合处理稀疏数据。

(3) 分辨率：数据可以在不同的分辨率下获得。在不同的分辨率下，数据的性质也不同。例如，采样率高时，信号的波形显得平滑连续；采样率极低时，信号就显得波动较大。同一张图片，像素点多时会显得非常清晰，而像素点少时会产生马赛克一般的模糊效果。

2.2.2 记录数据

许多数据挖掘任务都假定数据集是记录（数据对象）的汇集，每个记录包含固定的数字字段（属性集合），如图 2－1 (a) 所示。对于记录数据的大部分形式数据，字段之间没有明显的联系，且每个对象具有相同的属性集。记录数据通常存放在平展文件或关系数据库之中。关系数据库不仅仅是记录的汇集，还包含其他信息。一般数据挖掘不使用关系数据库的更多信息，而仅使用数据库充当查找记录的场所。记录数据的不同类型如图 2－1 所示。此处我们介绍的有事务数据、数据矩阵和稀疏数据矩阵。

序号	姓名	学号
1	张三	1120192930
2	李四	1120203472

(a)

序号	采购物品
1	西瓜
2	面包、牛奶

(b)

时间/s	速度/($m \cdot s^{-1}$)	路程/m
0	2	0
1	5	4

(c)

文档	吃	喝	学习	跑
1	1	0	0	0
2	0	0	1	2

(d)

图 2－1 记录数据及其不同变体

(a) 记录数据；(b) 事务数据；(c) 数据矩阵；(d) 文档－词矩阵

（1）事务数据：在事务数据中，每个记录（事务）涉及一个项的集合。例如一个百货超市，顾客每次采购物品的集合构成一个事务。其中，记录的字段是非对称的，一般是二元的属性，指出这些商品是否被购买。此外，这些字段可以是离散或连续的，例如表示购买的商品数量或购买商品的开销，如图2－1（b）所示。

（2）数据矩阵：在一个数据集中所有的数据对象都有相同的数值属性集，数据对象可以看作多维空间中的点，其中每个维度代表描述对象的一个属性，这样的数据对象集可以用一个矩阵表示，这种矩阵被称作数据矩阵或模式矩阵。它由数值属性构成，可以使用标准的矩阵操作对数据进行变换和操纵，因此大部分统计数据矩阵是一种标准的数据格式，如图2－1（c）所示。

（3）稀疏数据矩阵：稀疏数据矩阵是数据矩阵的一种特殊情况，其中属性的类型是相同且非对称的，即非零值的重要程度远大于零值，例如文档数据。特别地，在忽略文档中的词序时，可将文档用词向量表示，将每个词作为向量的一个分量（属性），每个分量的值对应词在文档中的次数。在文档多的情况下，考虑到词量大，大部分词不出现，其对应值为0。因此，每份记录（文档）都是稀疏的，如图2－1（d）所示。一般地，仅存放稀疏矩阵的非零项。

2.2.3 基于图形的数据

图形是数据信息的有效载体。基于图形的数据有两种情况：图形带有对象之间联系的数据和具有图形对象的数据，即数据对象本身由图形表示。

图形带有对象之间联系的数据：对象之间的联系携带重要信息。特殊地，数据对象映射到图的结点，对象之间的联系使用方向、权值等进行刻画。如网络上的网页，页面包含文本等信息以及通向其他网页的链接，这些链接为查询提供大量信息，因此也必须纳入考虑。

具有图形对象的数据：若对象本身具有结构，即包含具有联系的子对象，则可用图形来表示。例如，化合物的结构中存在不同的原子，原子之间通过化学键连接，通过分析这些化合物的结构，我们可以确定哪些子结构频繁出现，从而分析其与特定化学性质的关联。对于这类包含具有联系的子对象的数据，研究其子结构是一类重要的方法。

2.2.4 有序数据

某些数据类型中，属性涉及时间或空间上的联系。其类型包括时序数据、序列数据、时间序列数据和空间数据。

（1）时序数据：又称时间数据，可将其视为记录数据的扩充，每个记录包含一个与之相关联的时间。例如，考虑存储事务发生时间的食堂消费事务数据，利用时间信息可以发现如“暑假食堂消费低谷”形式的模式。时间也可与每个属性相关联，例如，每个记录可能是学生的刷卡消费历史，包括不同时间点购买的零食列表，使用这些信息，可能发现如“购买面包的同学倾向于再购买牛奶”形式的模式。

（2）序列数据：序列数据其实是一个数据集合，它是个体项的序列，例如单词或字母的序列。除了没有时间戳之外，与时序数据极为相似。例如，遗传序列数据相关的许多问题都涉及用核苷酸序列的相似性预测基因的结构和功能。

（3）时间序列数据：是一种特殊的序列数据，每一个记录都是一个时间序列，即一段时间的测量序列。例如，金融数据集包含各种股票日价格的时间序列对象。在分析时间序列数据时，重要的是要考虑时间自相关，即若两个序列测量时间相近，这些数据的值通常非常相似。

（4）空间数据：有些对象具有空间属性，例如位置或区域。例如不同的地理位置收集的气象云图数据。同样地，空间数据具有空间自相关性，即在空间上相近的对象通常具有相同的性质。空间数据的一个重要例子是科学与工程数据集，其数据取自二维或三维网格上正则或非正则分布的点的测量与模型输出。

2.3　数据质量

数据挖掘处理的数据可能以前用于其他问题，或者用于未来尚未发现的某种问题。由于缺少具有针对性的调查设计或检验实验，数据质量的问题难以避免。因此，数据挖掘的第一步，通常称为数据清洗。下面的内容介绍数据质量，该部分内容与实际应用相关，主要涉及数据搜集问题。

测量设备、人工操作都可能会令部分数据的值甚至是整个数据对象丢失。同时，在一些情况下，可能会有不真实或者重复的对象。例如，对于一个当前住在多个不同地方的人，可能会有多条不同的记录。数据在记录过程中可能会出现错误，例如，一个人体重 50 kg，身高却只写了 1.69 cm。下面介绍数据测量和收集过程中的数据质量问题。首先定义测量和数据收集误差，然后考虑涉及测量误差的各种问题，如噪声、伪像、偏倚、精度和准确率；最后讨论可能同时涉及测量和数据收集的数据质量问题，如离群点、遗漏值、不一致、重复数据。

（1）测量误差与数据收集错误：测量误差是指测量过程中导致的问题。其意味着在某种程度上，数据与真实情况不符。对于连续属性，测量值与真实值之差被称为误差。数据收集错误是指数据对象或属性值在实际记录时产生的错误。测量误差和数据收集错误可能是系统或随机的。系统误差的校正方式较为固定，原因是其误差产生的方式一致。在特定领域，某些常见错误出现的频率高，但这些常见的错误已有解决方案，如可以通过一些人机交互手段或是多人反复检查来改正错误。

（2）噪声或伪像：通常包含时间或空间分量的数据。在这种情况下，常常可以通过信号或图像处理技术抑制噪声。尽管如此，完全消除噪声仍不可能，例如，采集心电的设备，若其脱落，则根本无法恢复波形。许多数据挖掘工作关注设计健壮性高的算法以增强其抗干扰能力，如在训练模型时使用数据增强。数据错误可能是一种特定的现象，例如，多张图片上同样位置具有相似的条纹。这种确定性失真有时被称作伪像。寻找算法去除伪像同样是可行之途。

（3）精度、偏倚和准确率：精度是表示观测值与真实值的接近程度，通常用标准差来衡量。偏倚是测量值和被测量系统之间的偏差，通常用统计得到的均值和测量值获得。只有在能通过外部手段获取测量值的情况下，才能获得偏倚。而准确率描述的是测量值和实际值之间的接近度，依赖于精度和偏倚，是一个更为一般的概念。因此，没有一个准确的公式，需要重点考虑的是有效数字的使用。

数据集本身可能并不提供关于精度、偏倚等质量方面的描述，但在数据挖掘中，若对此忽视，可能会在分析中得到与现实相悖的结论。在排除质量不佳的数据的同时，随着要求的提升，分析者可能发现存在数据量不足的情况，此时需要扩展数据集，或者容忍一部分低质量的数据。

2.4 数据可视化

数据可视化旨在帮助我们直观理解数据，明确分析思路，发现数据中存在的问题。例如，在物理实验拟合直线的过程中，当点的数量非常少时，可以通过肉眼观察，去除其中的异常点，从而能极大修正直线拟合的误差。我们也可以通过饼图，观察数据集中各标签数量的分布。在误差分析环节，数据可视化有助于进一步归纳错误的原因。

Python 语言中，有丰富的第三方库可用于数据可视化。数据展示的方式有饼图、柱形图、箱形图、直方图、核密度图、提琴图、热力图等。此处，给出利用 Seaborn 库分别绘制柱形图、直方图、核密度估计图和箱形图的例子。

2.4.1 柱形图

柱形图，又称为长条图、柱状图、条图、条状图、棒形图，是一种以长方形的长度为变量的统计图表。柱形图用来比较两个或两个以上的对象（不同时间或者不同条件），所研究对象只有一个变量，通常用于小数据集分析。柱形图也可横向排列，或用多维方式表达[1]。

绘制长条图时，长条柱或柱组中线需对齐项目刻度。在数字大且接近时，可使用波浪形省略符号，以表现数据间的差距，增强理解和清晰度。其简单示例如图 2－2 所示。

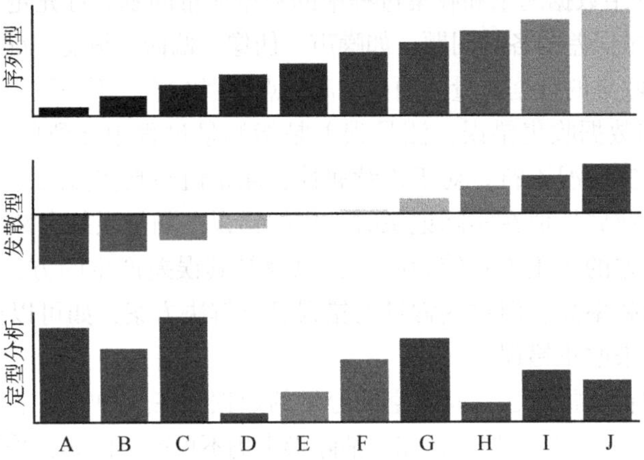

图 2－2　柱形图

实现代码如下：

```
import numpy as np
import seaborn as sns
import matplotlib.pyplot as plt
sns.set(style = "white", context = "talk")
rs = np.random.RandomState(8)
#设置 matplotlib 绘图格式
f, (ax1, ax2, ax3) = plt.subplots(3, 1, figsize = (7, 5), sharex = True)
#生成数据
x = np.array(list("ABCDEFGHIJ"))
y1 = np.arange(1, 11)
sns.barplot(x = x, y = y1, palette = "rocket", ax = ax1)
```

```
ax1.axhline(0, color = "k", clip_on = False)
ax1.set_ylabel("Sequential")
#将数据居中以使其分散
y2 = y1 -5.5
sns.barplot(x = x, y = y2, palette = "vlag", ax = ax2)
ax2.axhline(0, color = "k", clip_on = False)
ax2.set_ylabel("Diverging")
# 随机排列数据
y3 = rs.choice(y1, len(y1), replace = False)
sns.barplot(x = x, y = y3, palette = "deep", ax = ax3)
ax3.axhline(0, color = "k", clip_on = False)
ax3.set_ylabel("Qualitative")
#绘制图片
sns.despine(bottom = True)
plt.setp(f.axes, yticks = [])
plt.tight_layout(h_pad = 2)
```

2.4.2　直方图与核密度估计图

直方图能够显示属性中各组频数分布或数值范围的情况，可以精准地掌握差异，从而根据差异进行分类。例如，在公路工程质量管理中，作直方图的目的有：①计算可能出现的不合格率；②考察工序能力估算；③判断质量分布状态；④判断施工能力。而核密度估计图（Kernel Density Estimation，KDE）是一种非参数化的总体分布估计方法。两者可同时用于可视化数据的分布，如图 2 – 3 所示。

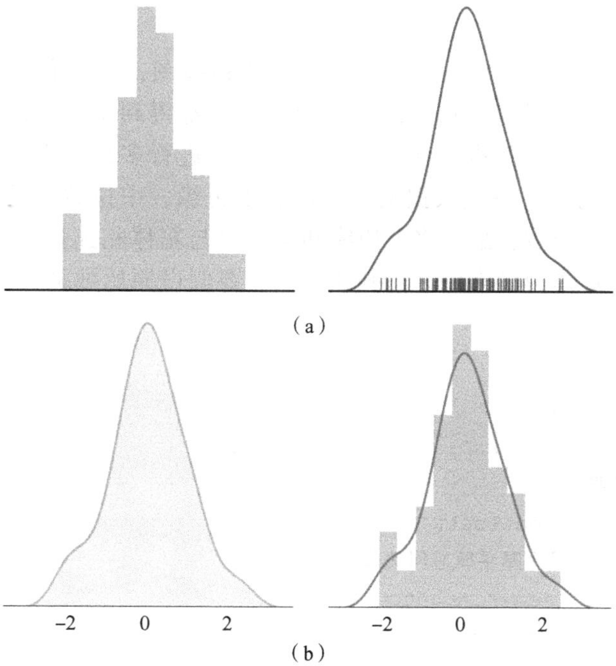

图 2 – 3　直方图与核密度估计图

（a）直方图；（b）核密度估计图

实现代码如下：

```
import numpy as np
import seaborn as sns
import matplotlib.pyplot as plt
sns.set(style = "white", palette = "muted", color_codes = True)
rs  = np.random.RandomState(10)
#设置 matplotlib 绘图格式
f, axes  = plt.subplots(2, 2, figsize = (7, 7), sharex = True)
sns.despine(left = True)
#生成随机单变量数据集
d  = rs.normal(size =100)
#绘制直方图,并自动配置 binsize
sns.distplot(d, kde = False, color = "b", ax = axes[0, 0])
#绘制核密度估计地毯图
sns.distplot(d, hist = False, rug = True, color = "r", ax = axes[0, 1])
#绘制填充的核密度估计图
sns.distplot(d, hist = False, color = "g", kde_kws = {"shade": True}, ax =
   axes[1, 0])
#绘制核密度估计直方图
sns.distplot(d, color = "m", ax = axes[1, 1])
plt.setp(axes, yticks = [])
plt.tight_layout()
```

2.4.3 箱形图

箱形图（Box - plot）又称为盒形图、盒式图或箱线图，是一种显示数据分散情况的统计图，因形状如箱子而得名。箱形图在各个领域也都得到了广泛的应用，常见于品质管理。它主要用于反映原始数据分布的特征，还可以进行多组数据分布特征的比较。箱形图的绘制方法：首先找出一组数据的上边缘、下边缘、中位数和两个四分位数；然后连接两个四分位数画出箱体；最后将上边缘和下边缘与箱体相连接，中位数在箱体中间。以四分位点和四分位距作为异常值进行判断，不需要假设原始数据的属性满足特定分布，如图 2 - 4 所示。

实现代码如下：

```
import seaborn as sns
sns.set(style = "ticks", palette = "pastel")
#加载 tips 数据集
tips  = sns.load_dataset("tips")
#绘制一个箱形图,显示账单随时间变化
sns.boxplot(x = "day", y = "total_bill",
            hue = "smoker", palette = ["m", "g"],
            data = tips)
sns.despine(offset =10, trim = True)
```

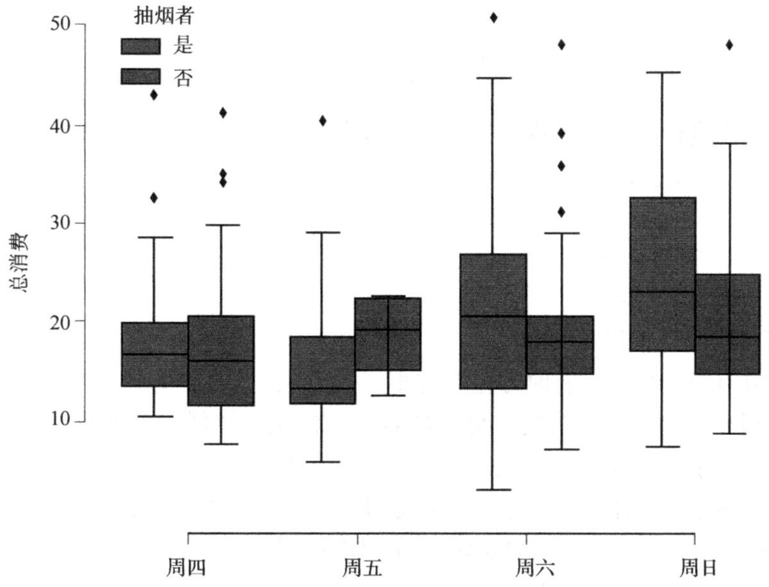

图 2－4　箱形图

2.5　数据预处理

数据预处理是将输入的数据进行一些转化，从而使后续的挖掘工作受益，包括标准化、非线性转化、离散化、编码分类特征以及自定义的转换器。Python 中的第三方库 Scikit－learn 提供了丰富的数据预处理工具。

2.5.1　标准化

在数据挖掘构建模型时，数据的标准化是重要的一环。因为若某些属性的总体分布和标准正态分布不太相似，模型的性能可能会较差[2]。

在实践中通常会忽略样本分布，而只是简单地通过使用数据的每个特征减去每个特征的平均值变换数据，然后将变换后的数据除以特征的标准差，从而完成数据缩放。例如，学习算法的目标函数中使用的许多元素（支持向量机的径向基核函数内核或线性模型的 L1 和 L2 正则化）都假设所有特征以 0 为中心并且具有相同的方差。如果某个特征的方差比其他特征大好几个数量级，则它可能会支配目标函数，并使估计器无法按预期从其他特征中正确学习。

实现代码如下：

```
from sklearn import preprocessing
import numpy as np
X_train = np.array([[ 1., -1.,  2.],
                     [ 2.,  0.,  0.],
                   [ 0.,  1., -1.]])
X_scaled = preprocessing.scale(X_train)
>>> X_scaled
```

```
array([[ 0. , -1.22,  1.33],
       [ 1.22,  0.,  -0.26],
       [ -1.22,  1.22, -1.06]])
```

对缩放后代码进行观察，发现每一个特征对应的均值为0，方差为1。

```
>>> X_scaled.mean(axis =0)
array([0., 0., 0.])
>>> X_scaled.std(axis =0)
array([1., 1., 1.])
```

1. 将特征缩放到一定区间

使用均值方差归一化时，有时方差非常小，接近0，方差作为分母时，数据缩放得到的数值较大，不利于后续的模型构建。可选的替代方法是，将特征的数值缩放到一定的范围中。分析者可以基于给定最大值和最小值将特征的数值缩放至［0，1］之间，或者将每个特征的最大数值的绝对值作为一个单位放在分母中，对数值进行缩放。这两种功能可分别通过 Scikit－learn 的 MinMaxscalar 和 MaxAbsScaler 实现[3,4]。

MinMaxScaler 的实现代码如下：

```
X_train = np.array([[ 1., -1.,  2.],
                    [ 2.,  0.,  0.],
                    [ 0.,  1., -1.]])
min_max_scaler = preprocessing.MinMaxScaler()
X_train_minmax = min_max_scaler.fit_transform(X_train)
>>> X_train_minmax
array([[0.5, 0., 1.],
       [1., 0.5, 0.33333333],
       [0.,1., 0.]])
```

使用 MaxAbsScaler 放缩后，特征的数值范围在［－1，1］之间，该放缩方法要求数据已经是零均值或者较为稀疏。该方法有利于保留记录中的零值，实现代码如下：

```
X_train = np.array([[ 1., -1.,  2.],
                    [ 2.,  0.,  0.],
                    [ 0.,  1., -1.]])
max_abs_scaler = preprocessing.MaxAbsScaler()
X_train_maxabs = max_abs_scaler.fit_transform(X_train)
>>> X_train_maxabs
array([[ 0.5, -1. ,  1. ],
       [ 1. ,  0. ,  0. ],
       [ 0. ,  1. , -0.5]])
X_test = np.array([[ -3., -1.,  4.]])
X_test_maxabs = max_abs_scaler.transform(X_test)
>>> X_test_maxabs
array([[ -1.5, -1. ,  2. ]])
>>> max_abs_scaler.scale_
array([2.,  1.,  2.])
```

2. 缩放稀疏与离群点数据

数据应该在缩放过程中保持其稀疏性。数据若有较多离群点，简单地使用均值方差进行归一化，效果不佳。此时，应采用 Robust_ Scale 和 RobustScaler 进行缩放，该缩放方法利用了特征值分布的统计数据，从而能让标准化方法的鲁棒性更好。

2.5.2 非线性变换

此处的非线性变换指的是：分位数变换和幂变换。分位数变换和幂变换都是基于特征值的单调变换，从而能保持每个特征值的顺序[5]。

分位数变换基于公式 $G^{-1}(F(x))$，是将所有特征映射到相同的期望分布中，其中 F 是特征的累积分布函数，G^{-1} 是理想输出分布 G 的量化函数。此公式基于以下两个事实：首先，若 x 是具有连续累积的分布函数 F 的随机变量，且 $F(x)$ 在 [0, 1] 上均匀分布；其次，如果 U 是在 [0, 1] 上均匀分布的随机变量，则 $G^{-1}(U)$ 具有分布 G。分位数变换能抑制离群点的影响，但其同样扭曲了单个特征内部和特征之间的距离与相关性。

幂转换方法则是参数化变换方法的一种，其目的是将任意分布的数据映射到与高斯分布接近。

1. 映射到标准分布

映射到标准分布的实现代码如下（特征的数值被映射到 [0 - 1] 之间）：

```
from sklearn.datasets import load_iris
from sklearn.model_selection import train_test_split
iris = load_iris()
X, y = iris.data, iris.target
X_train, X_test, y_train, y_test = train_test_split(X, y, random_state=0)
quantile_transformer = preprocessing.QuantileTransformer(random_state=0)
X_train_trans = quantile_transformer.fit_transform(X_train)
X_test_trans = quantile_transformer.transform(X_test)
>>> np.percentile(X_train[:, 0], [0, 25, 50, 75, 100])
array([ 4.3,  5.1,  5.8,  6.5,  7.9])
```

2. 映射到高斯分布

将数据通过幂转换映射到高斯分布有利于稳定方差和最小化偏度。其幂变换的实现方式包括 Yeo - Johnson 变换和 Box - Cox 变换，变换方法如下。

Yeo - Johnson 变换的公式为

$$x_i^{\lambda} = \begin{cases} \dfrac{(x_i+1)^{\lambda}-1}{\lambda}, \lambda \neq 0, x_i \geqslant 0 \\ \ln(x_i)+1, \lambda = 0, x_i \geqslant 0 \\ -\dfrac{(-x_i+1)^{2-\lambda}-1}{2-\lambda}, \lambda \neq 2, x_i < 0 \\ -\ln(-x_i+1), \lambda = 2, x_i < 0 \end{cases} \tag{2.1}$$

Box - Cox 变换的公式为

$$x_i^{\lambda} = \begin{cases} \dfrac{(x_i+1)^{\lambda}-1}{\lambda}, \lambda \neq 0 \\ \ln(x_i), \lambda = 0 \end{cases} \tag{2.2}$$

观察可得，Box - Cox 变换要求输入是严格正定的。在这两种幂变换方法中，都具有一

个参数 λ，该参数是基于最大似然估计得到的。下面的实现代码是将一个对数正态分布经 Box - Cox 变换后成为正态分布的例子。

实现代码如下：

```
pt = preprocessing.PowerTransformer(method='box-cox', standardize=False)
X_lognormal = np.random.RandomState(616).lognormal(size=(3, 3))
>>> X_lognormal
array([[1.28..., 1.18..., 0.84...],
       [0.94..., 1.60..., 0.38...],
       [1.35..., 0.21..., 1.09...]])
>>> pt.fit_transform(X_lognormal)
array([[ 0.49...,  0.17..., -0.15...],
       [ -0.05...,  0.58..., -0.57...],
       [ 0.69..., -0.84...,  0.10...]])
```

不同的分布经 Box - Cox 分布变换或 Yeo - Johnson 分布变换后的结果，如图 2 - 5 所示。注意，原数据分布不同时，有些变换方法并不起作用。因此，对特征的分布进行可视化有利于我们选取合适的非变换方法。

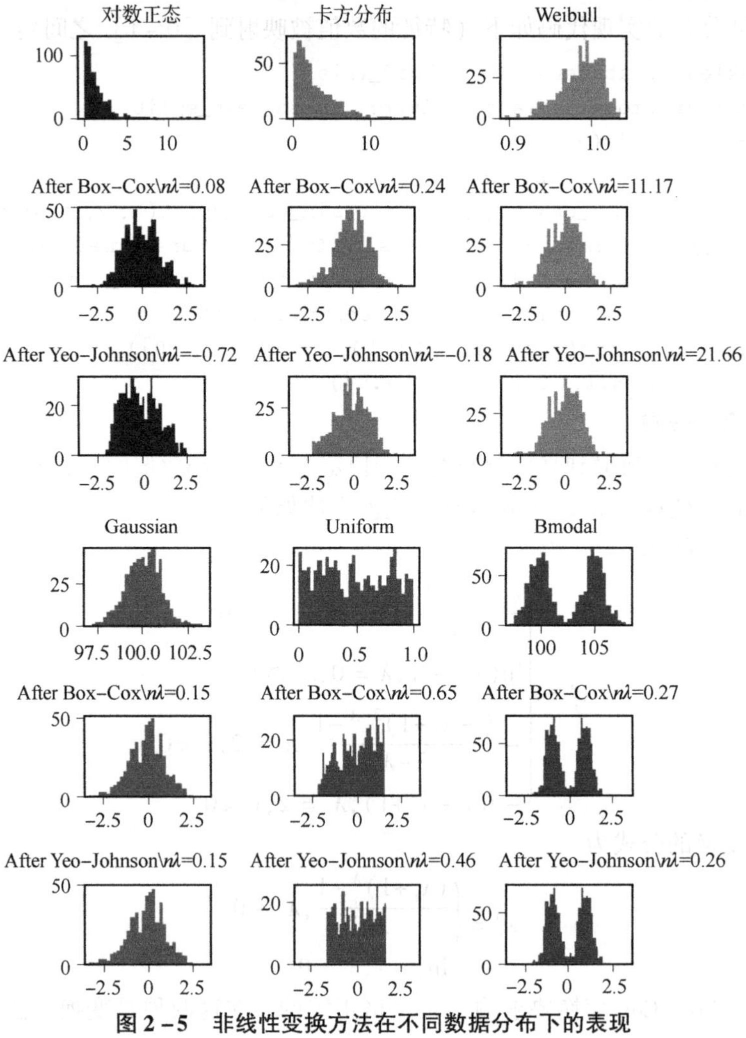

图 2 - 5　非线性变换方法在不同数据分布下的表现

2.5.3 归一化

数据挖掘中的归一化是单个记录在整个特征空间中完成的，这些特征均为数值。经过归一化后，特征空间（可看作一个矩阵）的数值被缩放到一个单位[6]。归一化在样本间求点积或相似度计算时使用，缩放过程中，可使用 L1 范数或 L2 范数。

实现代码如下：

```
X = [[ 1., -1.,  2.],
     [ 2.,  0.,  0.],
     [ 0.,  1., -1.]]
X_normalized = preprocessing.normalize(X, norm='l2')
>>> X_normalized
array([[ 0.40, -0.40,0.81],
       [ 1.,  0.,  0.],
       [ 0.,0.70, -0.70]])
```

2.5.4 离散化

离散化方法，又称量化或分箱，将连续特征划分成几个区间，并采用独热编码，这样既保持了解释性又在线性分类器中引入了非线性特性。

1. K 分箱离散化

K 分箱离散化方法的实现代码如下（分箱点的确定是基于已有数据完成的）：

```
X = np.array([[ -3., 5., 15 ],
              [  0., 6., 14 ],
              [  6., 3., 11 ]])
est = preprocessing.KBinsDiscretizer(n_bins=[3, 2, 2], encode='ordinal')
  .fit(X)
```

本例中，在确定分箱点的规则后，离散化可以得到特征如下：

```
>>> est.transform(X)
array([[ 0., 1., 1.],
       [ 1., 1., 1.],
       [ 2., 0., 0.]])
```

2. 特征二值化

当假设记录的某特征可能服从多元伯努利分布时，可以通过二值化的方法获得阈值，将高于阈值的数值转化成布尔值 1，将低于阈值的数值转化成 0。该方法使得输入数据可被基于概率的估计器处理。在文书中，特征二值化应用较广。

实现代码如下：

```
X = [[ 1., -1.,  2.],
     [ 2.,  0.,  0.],
     [ 0.,  1., -1.]]
binarizer = preprocessing.Binarizer().fit(X)
>>> binarizer
Binarizer(copy=True, threshold=0.0)
>>> binarizer.transform(X)
```

```
8.array([[1., 0., 1.],
9.       [1., 0., 0.],
10.       [, 1., 0.]])
```

2.6 睡眠分期中的数据描述和预处理

初学者易低估数据描述和预处理的重要程度。实际上，对数据进行简单观察即可有效防止自己在进行分析时产生偏差。睡眠分期问题中，我们采用脑电图进行分析。脑电图是一种时间序列信息。我们对其进行可视化，并基于常识给予其有效的预处理手段。我们通过可视化，发现原数据噪声较多，故采用低通滤波器进行滤波。此外，通过标准差发现了异常数据，从而能在后续的挖掘过程中去除异常值，得到更可靠的分析，如图 2－6 和图 2－7 所示。

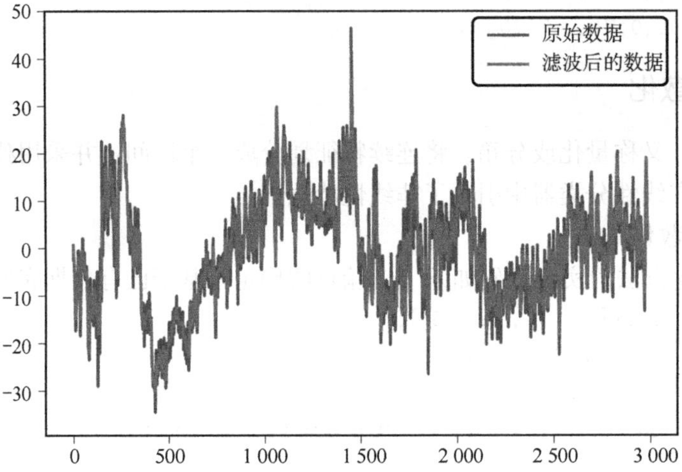

图 2－6　原始数据滤波前后对比

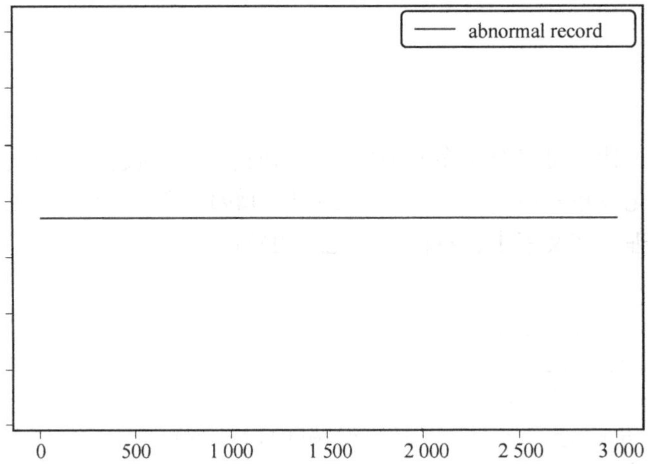

图 2－7　异常数据（正常脑电不可能毫无波动）

实现代码如下：

```
#数据预处理
#coding:utf-8
#从 txt 数据到极坐标图,此处的 txt 是 Raw EEG 从 matlab 中进行分解后得到的子信道信号
import numpy as np
import matplotlib.pyplot as plt
from scipy import signal
import time
import os
from glob import glob
filelist = glob('the_path_of_data/* /* .txt')#分解后 txt 数据所在文件夹,不同的电脑斜杠方向可能不同
len(filelist)#Should be15188
b,a = signal.butter(5,0.16,'lowpass')#Butterworth 滤波器
#观察数据后滤波
plt.figure(dpi =256)
data =np.loadtxt(filelist[0])
plt.plot(data,label ='raw')
fil_data =signal.filtfilt(b,a,data)
plt.plot(fil_data,label ='filtered data')
plt.legend(['raw','filtered'])
plt.show()
for idx,file in enumerate(filelist):
    data =np.loadtxt(file)
    if np.std(data) <0.0001:
        plt.figure(dpi =256)
        plt.plot(ddd)
        plt.legend(['abnormal record'])
        plt.show()
        plt.close('all')
        break
print(idx)#异常数据的编号
```

参考文献

[1] Buuren S, Grothuis Adshoorn K. Mice: multivariate imputation by chained equations in R [J]. Journal of Statistical Software, 2010, 45: 1-68.

[2] Yeo I K, Johson R A. A new family of power transformations to improve normality or symmetry [J]. Biometrika, 2000, 87 (4): 954-959.

[3] Redregosa F, Varoquaux G, Gramfort A, et al. Scikit-learn: machine learning in Python [J]. Journal of Machine Learning Research, 2011, 12: 2825-2830.

[4] Buitinck L, Louppe G, Blondel M, et al. API design for machine learning software:

experiences from the Scikit – learn project [J]. arXiv preprint arXiv: 1309. 0238, 2013.
[5] Box G E P, Cox D R. An analysis of transformations [J]. Journal of the Royal Statistical Society B (Methodologicd), 1964, 26: 211 – 243.
[6] Buck S F. A method of estimation of missing values in multivariate data suitable for use with an electronic computer [J]. Journal of the Royal Statistical Society: Series B (Methodological), 1960, 22 (2): 302 – 306.

第3章　基本统计分析方法

3.1　正态分布参数的假设检验和区间估计

统计分析中的一类重要问题是基于样本的信息判断其整体分布是否相同，通常采用已知的分布模型进行分析。正态模型可描述生产与科学实验中很多随机变量的概率分布。由中心极限定理可知，若某个量是诸多小的独立随机因素影响的结果，就可以认为其服从正态分布。假设样本来自正态分布总体，判断两个总体的均值、方差（正态分布的参数）是否一致，则称假设检验问题。

在实际测量、计算的过程中会存在误差。除了得到近似值，人们还需要了解近似值的可靠程度。因此，对于未知参数β，除了给出其点估计外，还希望给出一个取值范围，同时给出参数落在该范围的可信程度，这种形式称为区间估计。置信区间指的是给定置信水平上的区间估计。

在正态分布中，将采用的统计量落在置信区间的概率记为$1-\alpha$，并以此进行检验。区间的长度通常由标准化的正态分布查表得到，假设检验包含单边检验和双边检验。

3.1.1　对均值μ的估计

1. 总体标准差σ已知

当标准差已知时，采用标准化得到的检验统计量z——其理论上服从标准正态分布。其表达式为

$$z=\frac{\overline{X}_n-\mu_0}{\frac{\sigma}{\sqrt{n}}}\sim N(0,1) \tag{3.1}$$

各检验方法的流程及对应的置信区间如表3－1所示[1]，表中，z_α，$z_{\alpha/2}$为已知量，可通过查阅正态分布表获得。

表3－1　标准差已知的各检验方法的置信区间

假设	双侧检验	左单侧检验	右单侧检验
原假设	$H_0:\mu=\mu_0$		
备择假设	$H_A:\mu=\mu_A\neq\mu_0$	$H_A:\mu=\mu_A<\mu_0$	$H_A:\mu=\mu_A>\mu_0$
何时拒绝原假设	$\lvert z\rvert>z_{\frac{\alpha}{2}}$	$z<-z_\alpha$	$z>z_\alpha$

续表

假设	双侧检验	左单侧检验	右单侧检验
原假设数学表达	$p(\lvert z\rvert \leqslant z_{\frac{\alpha}{2}})=1-\alpha$	$p(z \geqslant -z_{\alpha})=1-\alpha$	$p(z \leqslant z_{\alpha})=1-\alpha$
置信区间	$\left[\overline{X}_n - z_{\frac{\alpha}{2}}\frac{\sigma}{\sqrt{n}}, \overline{X}_n + z_{\frac{\alpha}{2}}\frac{\sigma}{\sqrt{n}}\right]$	$\left[-\infty, \overline{X}_n + z_{\alpha}\frac{\sigma}{\sqrt{n}}\right]$	$\left[X_n - z_{\alpha}\frac{\sigma}{\sqrt{n}}, +\infty\right]$

2. 总体标准差 σ 未知

当标准差已知时，采用样本差 s 替代标准差 σ，帮助进行标准化。但是，标准差未知时，意味着样本量小，故标准化的样本均值服从 t 分布，即采用检验统计量：

$$t=\frac{\overline{X}_n-\mu_0}{\frac{s}{\sqrt{n}}}\sim t_{n-1} \tag{3.2}$$

同样地，各假设的检验方法和置信区间如表 3 –2 所示。

表 3 –2　标准差未知的各检验方法的置信区间

假设	双侧检验	左单侧检验	右单侧检验
原假设	$H_0:\mu=\mu_0$		
备择假设	$H_A:\mu=\mu_A\neq\mu_0$	$H_A:\mu=\mu_A<\mu_0$	$H_A:\mu=\mu_A>\mu_0$
何时拒绝原假设	$\lvert t\rvert > t_{\frac{\alpha}{2},n-1}$	$t<-t_{\alpha,n-1}$	$t>t_{\alpha,n-1}$
原假设数学表达	$p(\lvert t\rvert \leqslant t_{\frac{\alpha}{2},n-1})=1-\alpha$	$p(t\geqslant -t_{\alpha,n-1})=1-\alpha$	$p(t\leqslant t_{\alpha,n-1})=1-\alpha$
置信区间	$\left[\overline{X}_n - t_{\frac{\alpha}{2},n-1}\frac{s}{\sqrt{n}}, \overline{X}_n + t_{\frac{\alpha}{2},n-1}\frac{s}{\sqrt{n}}\right]$	$\left[-\infty, \overline{X}_n + t_{\alpha,n-1}\frac{s}{\sqrt{n}}\right]$	$\left[\overline{X}_n - t_{\alpha,n-1}\frac{s}{\sqrt{n}}, +\infty\right]$

3.1.2　对方差 σ^2 的假设检验和置信区间

服从标准正态分布的随机变量平方和的分布为 χ^2 分布。根据该分布的定义，得到用于估计方差 σ^2 的检验统计量，该过程中无须利用均值，即

$$\chi^2=\frac{n-1}{\sigma_0^2}s^2\sim\chi_{n-1}^2 \tag{3.3}$$

同样地，各假设检验的数学描述和置信区间如表 3 –3 所示。

表 3－3　对方差 σ^2 的假设检验和置信区间

假设	双侧检验	左单侧检验	右单侧检验
原假设	$H_0:\sigma^2=\sigma_0^2$		
备择假设	$H_A:\sigma^2=\sigma_A^2\neq\sigma_0^2$	$H_A:\sigma^2=\sigma_A^2<\sigma_0^2$	$H_A:\sigma^2=\sigma_A^2>\sigma_0^2$
何时拒绝原假设	$\chi^2>\chi^2_{\frac{\alpha}{2},n-1}$ 或 $\chi^2<\chi^2_{1-\frac{\alpha}{2},n-1}$	$\chi^2<-\chi^2_{\alpha,n-1}$	$\chi^2>\chi^2_{\alpha,n-1}$
原假设数学表达	$p(\chi^2_{1-\frac{\alpha}{2},n-1}\leqslant\chi^2\leqslant\chi^2_{\frac{\alpha}{2},n-1})=1-\alpha$	$p(\chi^2\geqslant\chi^2_{1-\alpha,n-1})=1-\alpha$	$p(\chi^2\leqslant\chi^2_{1-\alpha,n-1})=1-\alpha$
置信区间	$\left[\frac{n-1}{\chi^2_{\frac{\alpha}{2},n-1}}s^2,\frac{n-1}{\chi^2_{1-\frac{\alpha}{2},n-1}}s^2\right]$	$\left[-\infty,\frac{n-1}{\chi^2_{1-\alpha,n-1}}s^2\right]$	$\left[\frac{n-1}{\chi^2_{\alpha,n-1}}s^2,+\infty\right]$

3.2　两组数据的比较

我们对两组数据进行比较，将这两组数据记为 $\{X_i,i=1,2,\cdots,m\}$ 和 $\{Y_j,j=1,2,\cdots,n\}$，并把数据分为成对和不成对两组情况进行讨论。

3.2.1　数据成对

数据成对的数学表达，即 $n=m$。

1. 两组数据方差相等

此时需要评估两组数据的分布均值的差异，使用 t 分布进行估计。由于数据成对，因而能通过分析 $\{D_i=X_i-Y_i,i=1,2,\cdots,m\}$ 的分布 $N(\mu_D,\sigma_D^2)$ 完成估计。记 $\overline{D}$ 为 $\{D_i=X_i-Y_i,i=1,2,\cdots,m\}$ 的均值。

按照3.1 节中方差未知的情况，用 $\mu_D=\mu_1-\mu_2$ 进行归一化，$s_D^2=\frac{1}{n-1}\sum_{i=1}^{n}(D_i-\overline{D})^2$ 作为 σ_D^2 的估计量。同样地，使用检验统计量为

$$t=\frac{D-\mu_D}{\frac{s_D^2}{\sqrt{n}}}\sim t_{n-1} \tag{3.4}$$

对应的假设检验和置信区间如表 3－4 所示。

表 3－4　两组数据方差相等时各检验方法的置信区间

假设	双侧检验	左单侧检验	右单侧检验
原假设	$H_0:\mu_D=0$		
备择假设	$H_A:\mu_D\neq 0$	$H_A:\mu_D<0$	$H_A:\mu_D>0$
何时拒绝原假设	$\lvert t\rvert>t_{\frac{\alpha}{2},n-1}$	$t<-t_{\alpha,n-1}$	$t>t_{\alpha,n-1}$

续表

假设	双侧检验	左单侧检验	右单侧检验
原假设数学表达	$p(\lvert t\rvert \leqslant t_{\frac{\alpha}{2},n-1}) = 1-\alpha$	$p(t \geqslant -t_{\alpha,n-1}) = 1-\alpha$	$p(t \leqslant t_{\alpha,n-1}) = 1-\alpha$
置信区间	$\left[\overline{D} - t_{\frac{\alpha}{2},n-1}\frac{s_D}{\sqrt{n}},\ \overline{D} + t_{\frac{\alpha}{2},n-1}\frac{s_D}{\sqrt{n}}\right]$	$\left[-\infty, \overline{D} + t_{\alpha,n-1}\frac{s_D}{\sqrt{n}}\right]$	$\left[\overline{D} - t_{\alpha,n-1}\frac{s_D}{\sqrt{n}}, +\infty\right]$

2. 两组数据方差不等

当两组数据方差不等时，需要用到非参数方法中的符号检验法和 Wilcoxon 秩检验法。下面介绍参数方法和非参数方法的概念。若已有的总体分布已知或可以假设，则其中只有已知个数的未知量待估计。基于样本对这些参数进行估计或假设检验的方法即参数化方法。在实际问题中，对实际数据的总体分布我们所知甚少。不假设分布的总体形式，基于样本本身的信息进行统计的方法为非参数方法。非参数化方法对分布形式要求低，故普适性好。但是由于针对性不足，故有效性相对参数化方法一般有所欠缺。

(1) 符号检验法：该方法仅考虑 $\{D_i = \text{sig}\,n(X_i - Y_i), i = 1,2,\cdots,n\}$ 中不为 0 的个体的分布，共有 n 个元素，适用于数据间差距“正常”的情况。

当数据较少（少于等于 25 个样本，即 $n \leqslant 25$）时，可以设

$$p(D_i) > 0 = \frac{1}{2}$$

1/2 即数据“正常”的数学表达。D_i 服从二项式分布 $(n, 1/2)$，如图 3－1 所示，各检验方法与置信区间的获取如表 3－5 所示。

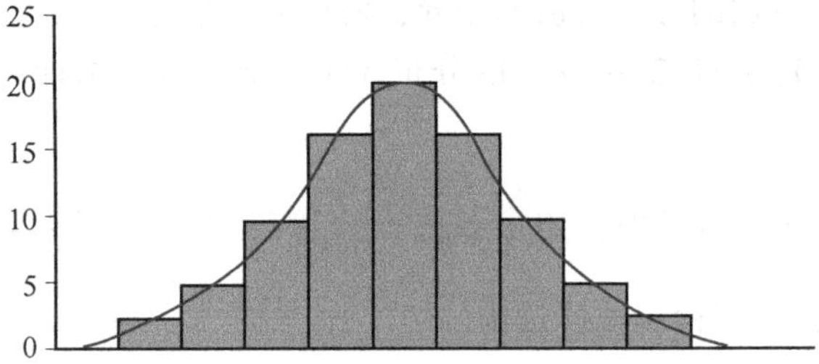

图 3－1　数据的二项式分布

表 3－5　方差不等的各检验方法的流程

假设	双侧检验	左单侧检验	右单侧检验
原假设	$H_0: P(D_i > 0) = \frac{1}{2}$		
备择假设	$H_A: P(D_i > 0) \neq \frac{1}{2}$	$H_A: P(D_i > 0) < \frac{1}{2}$	$H_A: P(D_i > 0) > \frac{1}{2}$
a 的取法	$\approx \sum_{i=0}^{a} p(i) + \sum_{i=0}^{a} p(n-i)$	$\approx \sum_{i=0}^{a} p(i)$	$\approx \sum_{i=0}^{a} p(n-i)$

当数据规模较大（多于 25 个样本）时，可以用检验统计量：

$$z = \frac{\#(D_i > 0) - \frac{n}{2}}{\sqrt{\frac{1}{2}\frac{n}{2}}} \sim N(0,1) \tag{3.5}$$

注意，此时的 $\#(D_i > 0)$ 指 $D_i > 0$ 的个数，$n/2$ 为均值，估计方法如上所述。

（2）Wilcoxon 秩检验法：该方法适用于数据间差距不正常的情况。对于非正态分布或不能从数量上精确度量的数据，秩方法具有独特的优越性。

检验统计量 z 的获取方法如下：

$$D_i = X_i - Y_i, i = 1,2,\cdots,n$$
$$A_+ = \text{满足 } D_i > 0 \text{ 的排序序号之和}$$
$$A_- = \text{满足 } D_i < 0 \text{ 的排序序号之和}$$
$$A_0 = \min\{A_+, A_-\}$$

注意到 $A_+ + A_- = n(n+1)/2$，则在样本个数大于 5 的情况下，得到检验统计量：

$$z = \frac{A_0 - \frac{n(n+1)}{4}}{\sqrt{\frac{n(n+1)(n+2)}{24}}} \sim N(0,1) \tag{3.6}$$

基于正态分布的检验统计量的假设检验方法之前已经介绍过，此处不再赘述。

3.2.2　数据相互独立

数据相互独立，即 $m \neq n$。

1. 两组数据方差相等

与数据成对的情形相似，仍可采用 t 检验的方式。我们观察的数据如下：

$$\{X_i, i = 1,2,\cdots,n\} \sim N(0,1)$$
$$\{Y_j, j = 1,2,\cdots,m\} \sim N(0,1)$$

两者皆独立同分布。

已知 $\sigma_x^2 = \sigma_y^2 = \sigma^2$，记 $\overline{D} = \overline{X} - \overline{Y}$，用 $\mu_D = \mu_x - \mu_Y$ 进行归一化，用 $s_x^2 = s_Y^2 = s_Q^2$ 估计 $\overline{X}$、$\overline{Y}$ 总体的方差，作为 σ^2 的估计量。

其中，

$$s_Q^2 = \frac{(n-1)s_X^2 + (m-1)s_Y^2}{n+m-2} \tag{3.7}$$

$$s_X^2 = \frac{1}{n-1}\sum_{i=1}^{n}(X_i - \overline{X})^2 \tag{3.8}$$

$$s_Y^2 = \frac{1}{m-1}\sum_{j=1}^{m}(Y_j - \overline{Y})^2 \tag{3.9}$$

而基于概率论的知识，可得

$$s_D^2 = s_Q^2 \frac{m+n}{nm} \tag{3.10}$$

同样地，使用检验统计量：

$$t = \frac{\overline{D} - \mu_D}{s_{\overline{D}}} \sim t_{m+n-2} \tag{3.11}$$

对应的假设检验和置信区间如表 3－6 所示。

表 3－6　数据独立且方差相等时各检验方法的置信区间

假设	双侧检验	左单侧检验	右单侧检验
原假设	$H_0: \mu_D = 0$		
备择假设	$H_A: \mu_D \neq 0$	$H_A: \mu_D < 0$	$H_A: \mu_D > 0$
何时拒绝原假设	$\lvert t \rvert > t_{\frac{\alpha}{2}, n+m-2}$	$t < -t_{\alpha, n+m-2}$	$t > t_{\alpha, n+m-2}$
原假设数学表达	$p(\lvert t \rvert \leqslant t_{\frac{\alpha}{2}, n+m-2}) = 1 - \alpha$	$p(t \geqslant -t_{\alpha, n+m-2}) = 1 - \alpha$	$p(t \leqslant t_{\alpha, n+m-2}) = 1 - \alpha$
置信区间	$\left[\overline{D} - t_{\frac{\alpha}{2}, n+m-2} \frac{s_D}{\sqrt{\frac{m+n}{nm}}}, \overline{D} + t_{\frac{\alpha}{2}, n+m-2} \frac{s_D}{\sqrt{\frac{m+n}{nm}}}\right]$	$\left[-\infty, \overline{D} + t_{\alpha, n+m-2} \frac{s_D}{\sqrt{\frac{m+n}{nm}}}\right]$	$\left[\overline{D} + t_{\alpha, n+m-2} \frac{s_D}{\sqrt{\frac{m+n}{nm}}}, +\infty\right]$

已知 $\sigma_X^2 \neq \sigma_Y^2$，使用加权方法估计总体分布的方差，有

$$s_{\overline{D}}^2 = \frac{ms_x^2 + ns_Y^2}{nm} \tag{3.12}$$

此处采用的检验统计量为

$$t' = \frac{\overline{D}}{s_{\overline{D}}} \sim t_\gamma \tag{3.13}$$

式中：$\gamma = \left\lfloor \frac{\left(\frac{s_X^2}{n} + \frac{s_Y^2}{m}\right)^2}{\frac{s_X^4}{n^3} + \frac{s_Y^4}{m^3}} \right\rfloor$，$\lfloor\ \rfloor$ 表示向下取整。假设检验方法可参考前述情形类推得到。

2. 两组数据方差不等

两组数据方差不等，可使用 Mann－Whitney 检验方法。

第一组的数目记为 n_1，第二组的数目记为 n_2，将它们合并进行排序，得到第一组的序号和 A_1，第二组的序号和为 A_2。若数据相等，则求其序号平均值再赋回。

令

$$U_1 = n_1 n_2 + \frac{n_1(n_1 + 1)}{2} - A_1 \tag{3.14}$$

$$U_2 = n_1 n_2 + \frac{n_2(n_2 + 1)}{2} - A_2 \tag{3.15}$$

$$U_0 = \min\{U_1, U_2\} \tag{3.16}$$

注意，$U_2 + U_2 = \dfrac{n(n+1)}{2}$，$U_1 U_2 = n_1 n_2$。

检验统计量为 U：第一组的中位数减去第二组的中位数。

当数据量小（$n_1, n_2 \leqslant 10$）时，假设检验方法如表 3－7 所示。

表 3－7　数据独立且方差不等时各检验方法的流程

假设	双侧检验	左单侧检验	右单侧检验
原假设	$H_0 : U = 0$		
备择假设	$H_A : U \neq 0$	$H_A : U < 0$	$H_A : U > 0$
何时拒绝原假设	$q < \alpha$		
q 的取法 （查阅 Mann－Whitney 表）	$\approx 2p(U \leqslant U_0)$	$\approx p(U \leqslant \lfloor U_0 \rfloor)$	$\approx p(U \leqslant \lfloor U_0 \rfloor)$

当数据量大（$n_1, n_2 > 10$）时，可采用检验统计量进行估计：

$$z = \frac{U_0 - \dfrac{n_1 n_2}{2}}{\sqrt{\dfrac{n_1 n_2 (n_1 + n_2 + 1)}{12}}} \sim N(0,1) \tag{3.17}$$

各假设检验的原假设和备择假设不变。注意，由于 $U_0 = \min\{U_1, U_2\}$，故 $z < 0$。

3.3　二维数据检验

二维数据检验的对象是列联表，列联表的数值形式如表 3－8 所示。

表 3－8　列联表的数值形式

行＼列	1	2	…	;	…	n	和
1	N_{11}	N_{12}	…	N_{1j}	…	N_{1n}	R_1
2	N_{21}	N_{22}	…	N_{2j}	…	N_{2n}	R_2
⋮	⋮	⋮		⋮		⋮	⋮
i	N_{i1}	N_{i2}	…	N_{ij}	…	N_{in}	R_i
⋮	⋮	⋮		⋮		⋮	⋮
m	N_{m1}	N_{m2}	…	N_{mj}	…	N_{mn}	R_m
和	C_1	C_2	…	C_j	…	C_n	N

列联表的比例形式如表 3－9 所示。

表 3-9　列联表的比例形式

行＼列	1	2	…	j	…	n	和
1	r_{11}	r_{12}	…	r_{1j}	…	r_{1n}	r_1
2	r_{21}	r_{22}	…	r_{2j}	…	r_{2n}	r_2
⋮	⋮	⋮		⋮		⋮	⋮
i	r_{i1}	r_{i2}	…	r_{ij}	…	r_{in}	r_i
⋮	⋮	⋮		⋮		⋮	⋮
m	r_{m1}	r_{m2}	…	r_{mj}	…	r_{mn}	r_m
和	c_1	c_2	…	c_j	…	c_n	1

二维数据的检验包括独立性检验和齐次性检验。

我们采用的统计量为

$$\chi^2 = \sum_{i=1}^{m}\sum_{j=1}^{n}\frac{(N-E_{ij})^2}{E_{ij}} \tag{3.18}$$

在独立性检验中，$E_{ij}=E(N_{ij})=Nr_{ij}\overset{H_0}{\Rightarrow}Nr_ic_j\approx N\frac{R_i}{N}\frac{C_j}{N}=\frac{R_iC_j}{N}$；

而在齐次性检验中，$E_{ij}=E(N_{ij})=Nr_{ij}\overset{H_0}{\Rightarrow}N\frac{R_i}{m}$。

两者的假设检验表达如表 3-10 所示。

表 3-10　二维数据的假设检验

假设	独立性检验	齐次性检验
原假设	$H_0:r_{ij}=r_ic_j,\forall i,j$	$H_0:r_{i1}=r_{i1}=\cdots=r_{in},\forall i$
备择假设	$H_A:r_{ij}\neq r_ic_j,\exists i,j$	$H_A:r_{i1}=r_{i1}=\cdots=r_{in}$ 其中至少有一个等号不成立
何时拒绝原假设	$\chi^2>\chi^2_{\alpha,(m-1)(n-1)}$	$\chi^2>\chi^2_{\alpha,m-1}$

3.4　回归分析

回归分析的基本思想是创建一个模型，匹配现有的预测属性的值，使得预测新样本的待预测属性时犯错较少。回归分析最简单的形式是找到匹配可用的预测属性值和预测值之间的曲线，取与数据点距离最小的曲线作为回归模型，从而通过预测属性值去推断预测值。

线性回归模型最为简单，其形式可描述为

$$Y_i=\beta_0+\beta_1X_i+\in_i, i=1,2,\cdots,n \tag{3.19}$$

式中：β_0,β_1 为需要确定的未知参数；Y_i 为第 i 个样本的预测值；X_i 为第 i 个样本的预测属性值，一般是向量；$\in_i$ 指代剩余残差项或随机扰动项，对应其他因素对预测项的干扰。

在一个好的线性回归模型中，该项的影响应当较小。$\in_i$ 具有如下特性：是随机变量；期望为0；一定时期中方差为常数；与自变量无关；各个 $\in_i$ 间相互独立。

基于一元线性回归模型的分析流程如下：

（1）建立理论模型：针对因变量 Y_i，寻找合适的自变量 X_i，建立模型。

（2）估计参数：在 $Y_i = \widehat{\beta_0} + \widehat{\beta_1} X_i$ 模型中，使用最小二乘法等方法估计 $\widehat{\beta_0}, \widehat{\beta_1}$。

（3）进行检验：在应用模型前评估其是否恰当。常用的指标有标准误差、判定系数和相关系数。

标准误差越小越好，其表达式为

$$S = \sqrt{\frac{\sum_{i=1}^{n}(Y_i - \widehat{Y_i})^2}{n-2}} \tag{3.20}$$

判定系数为0~1，越接近1则拟合度越高，越接近0则拟合度越低，其表达式为

$$R^2 = 1 - \frac{\sum_{i=1}^{n}(Y_i - \widehat{Y_i})^2}{\sum_{i=1}^{n}(Y_i - \overline{Y})^2} \tag{3.21}$$

相关系数为 -1~1，用于描述因变量和自变量之间的线性相关程度。相关系数大于0时，称 X 与 Y 正相关；相关系数小于0时，称 X 与 Y 负相关；相关系数等于0时称不相关。绝对值越大，相关程度越高。绝对值为1时称 X 与 Y 完全相关，其表达式为

$$r = \frac{\sum_{i=1}^{n}(X_i - \overline{X_i})(Y_i - \overline{Y})}{\sqrt{\sum_{i=1}^{n}(X_i - \overline{X_i})^2 \sum_{i=1}^{n}(Y_i - \overline{Y})^2}} \tag{3.22}$$

使用回归模型可以进行点预测或方差预测。点预测即给定 X_i，根据模型推测 Y_i；方差预测是给出在一定概率保证程度下的预测置信区间。

3.4.1 主要定理

定理 3.1 回归模型：

$$Y_i = \beta_0 + \beta_1 X_i + \in_i, i = 1, 2, \cdots, n \tag{3.23}$$

参数的最佳估计值为

$$\widehat{\beta_0} = \overline{Y} - \widehat{\beta_1}\overline{X} \tag{3.24}$$

$$\widehat{\beta_1} = \frac{\sum_{i=1}^{n}(X_i - \overline{X_1})(Y_i - \overline{Y})}{\sum_{i=1}^{n}(X_i - \overline{X})^2} = \frac{\sum_{i=1}^{n} x_i y_i}{\sum_{i=1}^{n} x_i^2} \tag{3.25}$$

式中：$x_i = X_i - \overline{X}, y_i = Y_i - \overline{Y}$。

定理 3.2 $E(\widehat{\beta_0})=\beta_0, E(\widehat{\beta_1})=\beta_1, \mathrm{var}(\widehat{\beta_0})=\sigma^2\left(\frac{1}{n}+\frac{\overline{X}^2}{\sum_{i=1}^{n}x_i^2}\right)=\frac{\sum_{i=1}^{n}X_i^2}{n\sum_{i=1}^{n}x_i^2}, \mathrm{var}(\widehat{\beta_1})=\sigma^2\frac{1}{\sum_{i=1}^{n}x_i^2}$。

该定理可用于置信区间的分析。结合该定理与一些概率论知识，易得 β_0、β_1、$\mu_{Y(X_0)}$ 的假设检验需使用 t 分布，而 Y_0 的预测区间则基于正态分布确定。

3.4.2 非线性变换

线性回归模型简单，并且普适性好，适用于线性依赖的数据建模。对于一些非线性依赖的数据，可以通过非线性转化的方式，将变量进行变换，从而能使用线性回归解决该问题。例如，利用自由落体运动估算重力加速度时，把速度转化成其平方，就可用线性回归的方式处理。

常见的变换函数有 $y^3, y^2, y^{\frac{1}{2}}, \ln y, -\frac{1}{y}, -\frac{1}{y^2}$。

3.4.3 分类属性预测

上述的预测主要针对连续型变量。对于分类属性，可将连续变量离散化后套用上述模型。更一般地，为预测分类标号，人们提出广义模型，响应变量 Y 的方差是 Y 均值的函数而非常值。该方法为将线性回归用于分类响应提供了理论基础[2]。

3.5 方差分析

在实践中，影响结果的因素往往是很多的。在分析中，也可能会存在一些无关项被引入模型的情况。找到主要因素有利于生产过程更稳定，节约计算资源。方差分析（Analysis of Variance，ANOVA）作为一种描述数据间变异以及不一致的方法，可以有效鉴别各因素的效应。若实验中仅有两个正态总体，可以通过上面介绍的 t 检验法判断其均值是否有显著差异[3]。若实验出现三个或更多的总体，该如何检验其均值差异呢？可以根据实验时改变因素的多少，分别采用单因素和多因素 ANOVA 模型进行分析。

3.5.1 单因素方差分析

在只有单因素改变的实验中，因素所处的状态称为水平，每一个水平的实验形成一个组[4]。

单因素 ANOVA 模型为

$$y_{ij}=\mu+\tau_i+\in_{ij}, i=1,2,\cdots,p, j=1,2,\cdots,n \tag{3.26}$$

式中：$\in_{ij}\sim N(0,\sigma^2)$ 为不可观察的随机变量，它是独立同分布的，$\sum_{i=1}^{p}\tau_i=0$。

单因素的过程如下：涉及平方和SS，组间平方和SST，误差平方和SSE，总平方和TSS，平均平方MS，组间平均平方和MST，以及误差平均平方MSE。记$n=\sum_{i=1}^{p}n_i$，单因素ANOVA的数据和表格如表3-11和表3-12所示。

表3-11　单因素ANOVA的数据

项目		各组样本				组内和	组内均值
因素的水平	1	y_{11}	y_{12}	…	y_{1n_1}	$Y_1=\sum_{j=1}^{n_1}Y_{1j}$	$\overline{Y_1}=\frac{Y_1}{n_1}$
	2	y_{21}	y_{22}	…	y_{2n_2}	$Y_2=\sum_{j=1}^{n_2}Y_{2j}$	$\overline{Y_2}=\frac{Y_2}{n_2}$
	⋮	⋮	⋮		⋮	⋮	⋮
	p	y_{p1}	y_{p2}	…	y_{pn_p}	$Y_p=\sum_{j=1}^{n_p}Y_{pj}$	$\overline{Y_p}=\frac{Y_p}{n_p}$

表3-12　单因素ANOVA表

项目	自由度	SS	MS	F
因素的水平	$p-1$	$\mathrm{SST}=\sum_{i=1}^{p}n_j(\overline{Y_{i.}}-\overline{Y_{..}})^2$	$\mathrm{MST}=\frac{\mathrm{SST}}{p-1}$	$\frac{\mathrm{MST}}{\mathrm{MSE}}\sim F_{p-1,n-p}$
误差	$n-p$	$\mathrm{SSE}=\sum_{i=1}^{p}\sum_{j=1}^{n_i}n_i(\overline{Y_{i.}}-\overline{Y_{..}})^2$	$\mathrm{MSE}=\frac{\mathrm{SSE}}{n-p}=s^2\approx s_p^2$	
总和	$n-1$	$\mathrm{TSS}=\sum_{i=1}^{p}\sum_{j=1}^{n_i}n_i(\overline{Y_{i.}}-\overline{Y_{..}})^2$		

表中：$Y_{..}=\sum_{i=1}^{p}\sum_{j=1}^{n_i}Y_{ij}^2,\overline{Y_{..}}=\sum_{i=1}^{p}Y_i/p$，从而能得到TSS＝SST＋SSE。

我们可以对其中的各个变量进行假设检验。以τ_i为例，原假设为

$$H_0:\tau_1=\tau_2=\cdots=\tau_p$$

备择假设：

H_A：至少有一个等式不成立；

若$F>F_{\alpha,p-1,n-p}$拒绝原假设，并获得置信区间。在此基础上，Tukey置信区间、Sheffe置信区间以及Bonferroni区间等都被广泛应用。

3.5.2　多因素ANOVA

在多个因素改变的实验中，我们仅对双因素实验的ANOVA进行介绍。

双因素ANOVA模型为

$$y_{ij}=\mu+\tau_i+\beta_j+\epsilon_{ij},i=1,2,\cdots,p,j=1,2,\cdots,b$$

同样地，$\epsilon_{ij}\sim N(0,\sigma^2)$且独立分布，$\sum_{i=1}^{p}\tau_i=0$，$\sum_{j=1}^{b}\beta_j=0$。记因素A组间平方和为SST，

因素 A 组间平均平方和为 MST；因素 B 组间平方和为 SSB，因素 B 组间平均平方和为 MSB。双因素 ANOVA 的过程如表 3－13 和表 3－14 所示。

表 3－13　双因素 ANOVA 的数据

项目		1	2	…	b	总和	均值
因素A的水平	1	y_{11}	y_{12}	…	y_{1b}	$Y_{1.} = \sum_{j=1}^{b} Y_{1j}$	$\overline{Y_{1.}} = \frac{Y_{1.}}{b}$
	2	y_{21}	y_{22}	…	y_{2b}	$Y_{2.} = \sum_{j=1}^{b} Y_{2j}$	$\overline{Y_{2.}} = \frac{Y_{2.}}{b}$
	⋮	⋮	⋮		⋮	⋮	⋮
	p	y_{p1}	y_{p2}	…	y_{pb}	$Y_{p.} = \sum_{j=1}^{b} Y_{pj}$	$\overline{Y_{p.}} = \frac{Y_{p.}}{b}$
总和		$Y_{.1} = \sum_{i=1}^{p} Y_{i1}$	$Y_{.2} = \sum_{i=1}^{p} Y_{i2}$	…	$Y_{.b} = \sum_{i=1}^{p} Y_{ib}$	$Y_{..} = \sum_{j=1}^{b}$	$Y_{.j} = \sum_{i=1}^{p} Y_{i.}$
均值		$\overline{Y_{.1}} = \frac{Y_{.1}}{p}$	$\overline{Y_{.2}} = \frac{Y_{.2}}{p}$	…	$\overline{Y_{.b}} = \frac{Y_{.b}}{p}$		

表 3－14　双因素 ANOVA 表

项目	自由度	SS	MS	F
因素 A 的水平	$p-1$	SST	$\mathrm{MST} = \frac{\mathrm{SST}}{p-1}$	$\frac{\mathrm{SST}}{\mathrm{MSE}} \sim F_{p-1,(p-1)(b-1)}$
因素 B 的水平	$p-1$	SSB	$\mathrm{MST} = \frac{\mathrm{SSB}}{b-1}$	$\frac{\mathrm{SSB}}{\mathrm{MSE}} \approx F_{b-1,(p-1)(b-1)}$
误差	$(p-1)(b-1)$	SSE	$\mathrm{MSE} = \frac{\mathrm{SSE}}{(p-1)(b-1)} = s^2$	
总和	$pb-1$	TSS		

同样，我们可以对其中的各个变量进行假设检验。以 τ_i 为例，原假设为

$$H_0: \tau_1 = \tau_2 = \cdots = \tau_p$$

备择假设：

H_A：至少有一个等式不成立，

则若 $F > F_{\alpha,p-1,(p-1)(b-1)}$ 拒绝原假设，并获得置信区间。

3.6　睡眠脑电特征基本统计方法示例

该示例直接展示基本统计方法在脑电中的应用。脑电是生理信号的一种，极为复杂，通过采集特定脑区的脑电，提取诸多特征对一段脑电进行描述，可以判断睡眠的深浅程度。我们认为，有效特征的分布在不同睡眠时期会有所区别，下面介绍一个脑电特性的示例。

我们选用的特征为均值、方差、偏度、峰度[5,6]。使用的数据如表 3－15 所示。

表 3－15　不同睡眠阶段的统计特征

标签	均值	方差	偏度	峰度
R	－1. 008 606	124. 813 881	0. 042 386	2. 842 504
S2	－0. 486 480	103. 946 749	0. 496 839	4. 805 929
S3	－4. 736 861	114. 685 629	0. 493 204	4. 195 255
S2	－2. 860 770	108. 290 743	－0. 273 432	3. 059 790
W	5. 656 839	6 556. 950 578	0. 083 452	1. 780 121

我们取 S3 时期的一组数据和 S2 时期的两组数据，观察其分布。期望的结果是 S3 时期的数据和 S2 时期的数据之间的分布差异大于 S2 中两组数据的自身差异。由于采用的特征是脑电均值，因此，可采用正态分布进行拟合[7]，如图 3－2 所示。

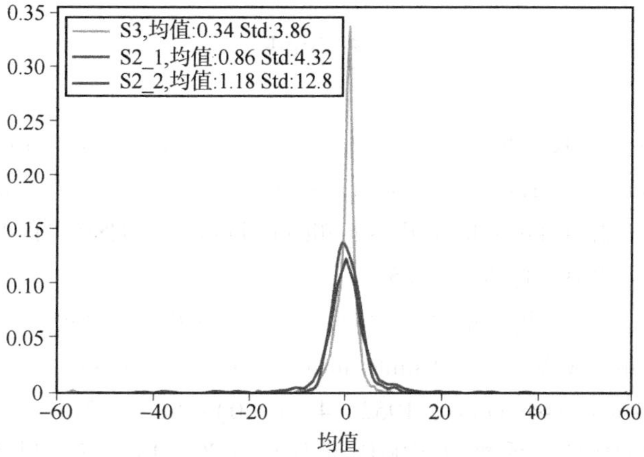

图 3－2　S2 和 S3 期脑电数据均值分布

由图 3－2 可以看出，S3 时期的数据和 S2 时期的数据之间的分布差异确实大于 S2 中两组数据的自身差异。查看数据格式和拟合结果的代码如下。

（1）查看数据格式：

```
1.import pandas as pd
2.import numpy as np
3.#statpath = 'The path to your features'
4.data = pd.read_csv(statpath)
5.#填补缺失值
6.data = data.fillna(0)
7.print(data.info())
8.data[['Label','Mean','Var','Sk','Kur']].head()
```

(2) 拟合:

```
feature ='Mean'
S3 =data[data.Label = ='S3'][feature][0:400]
S2_1 =data[data.Label = ='S2'][feature][0:400]
S2_2 =data[data.Label = ='S2'][feature][400:800]
from matplotlib import pyplot as plt
import seaborn as sns
plt.figure(dpi =256)
sns.distplot(S3,hist =False,color ='y',label ='S3,Mean:' + str(S3.mean())[0:4]
   + " Std:" +str(S3.std())[0:4])
sns.distplot(S2_1,hist = False,color ='r',label ='S2_1,Mean:' + str(S2_1.mean
   ())[0:4] + " Std:" +str(S2_1.std())[0:4])
sns.distplot(S2_2,hist =False,color ='b',label ='S2_2,Mean:' + str(S2_2.mean
   ())[0:4] + " Std:" +str(S2_2.std())[0:4])
plt.xlim(( -60,60))
plt.savefig('Normal.png')
plt.show()
```

参考文献

[1] Mann H B, Whitney D R. On a test of whether one of two random variables is stochastically larger than the other [J]. The Annals of Mathematical Statistics, 1947, 18 (1): 50 -60.

[2] Abdi H, Williams L J. Tukey's honestly significant difference(HSD) Test. [J]. Encyclopedia of Research Desgn, 2010, 3: 583 -585.

[3] 高之仁, 明道绪. 方差分析中的多重比较法 [J]. 四川农业科技, 1979, 04: 42 -46.

[4] Kruskal W W, Wallis W W. Use of ranks in one - criterion variance analysis [J]. Journal of the American Statistical Association, 1952, 47 (260): 583 -621.

[5] 金秉福. 粒度分析中偏度系数的影响因素及其意义 [J]. 海洋科学, 2012, 36 (2): 129 -135.

[6] 王学民. 偏度和峰度概念的认识误区 [J]. 统计与决策, 2008, 12: 145 -146.

[7] 邱念伟, 刘倩, 刘慧. 生物学实验数据统计分析中的多重比较法 [J]. 生物数学学报, 2015, 30 (03): 535 -541.

第4章 决策树算法与随机森林

决策树是一种十分常见的数据挖掘方法。本章介绍用于分类和回归的决策树。决策树是一种树形结构，在分类问题中，基于特征的取值对样本进行分类。决策树的每个内部节点表示在一个特征上的划分，每个分支表示根据特征划分后的输出，划分后产生的每一个叶结点为一类。决策树是 if - then 规则（如果出现 A 事件，那么就会做出 B 反应）的集合，也可以认为是定义在特征空间与类空间上的条件概率分布。决策树用于分类之后，分类后的结果可解释性强，分类直观且分类速度快。在训练样本时，利用训练数据，求决策树每一层的信息熵，根据信息熵一层一层分类直至信息熵最小的方法建立决策树模型。预测时，可以根据决策树训练好的模型参数对预测数据进行分类。决策树模型构建主要包括三个步骤：特征选择、决策树的生成和剪枝。

本章首先介绍决策树的基本概念；然后通过 ID3 和 C4.5 介绍特征的选择、决策树的生成以及决策树的剪枝，并介绍 CART 算法；最后介绍随机森林。

4.1 决策树模型与学习

4.1.1 决策树模型

定义 4.1 决策树 决策树模型是一种描述对实例进行分类的树形结构。决策树由结点和有向边组成。结点有两种类型：内部结点表示一个特征或属性；叶结点表示一个类。

用决策树分类，从根结点开始，对实例的某一个特征进行测试，根据测试结果，将实例分配到其子结点，这时，每一个子结点对应着该特征的一个取值。如此递归地对实例进行测试并分配，直至达到叶结点；最后将实例分到叶结点的类中。图 4 - 1 所示为一个决策树模型的示意图，图中圆和方框分别表示内部结点和叶结点。

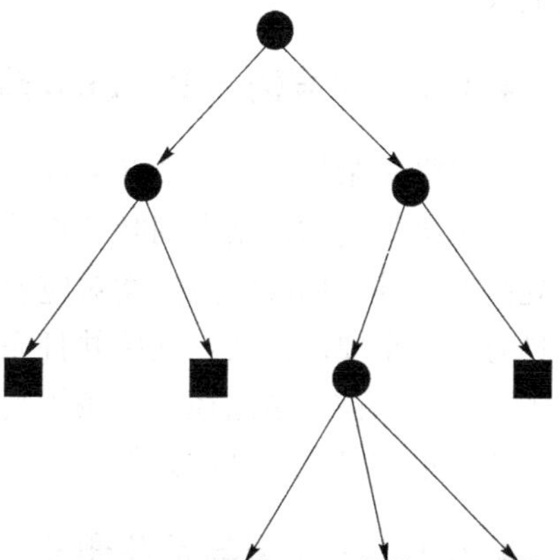

图 4 - 1 决策树模型

为了解释决策树分类的基本原理，这里举一个脊椎动物分类的示例。假设科学家发现了一个新的物种，怎么判断它是哺乳动物还是非哺乳动物呢？一种方法是针对物种的特征提出一系列问题。第一个问题可能是，该物种是变温动物还是恒温动物？如果它是变温的，则该物种肯定不是哺乳动物，否则它或者是某种鸟，或者是某种哺乳动物。如果它是恒温的，需要接着问：该物种是由雌性产崽进行繁殖的吗？如果是，则它肯定为哺乳动物，否则它有可能是非哺乳动物（鸭嘴兽和针鼹这些产蛋的哺乳动物除外）。

上面的示例说明，通过提出一系列精心构思的关于检验记录属性的问题，可以解决分类问题。每当一个问题得到答案，后续的问题将随之而来，直到得到记录的类标号。这一系列的问题和这些问题的可能回答可以组织成决策树的形式。决策树是一种由结点和有向边组成的层次结构。图 4－2 所示为哺乳类动物分类问题的决策树，树中包含三种结点如下：

根结点，它没有入边，但有零条或多条出边；

内部结点，恰有一条入边和两条或多条出边；

叶结点或终结点，恰有一条入边，但没有出边。

在决策树中，每个叶结点都被赋予一个类标号。非终结点（包括根结点和内部结点）包含属性测试条件，用于分开具有不同特性的记录。例如，在图 4－2 中，在根结点处，使用体温这个属性把变温脊椎动物和恒温脊椎动物区别开来。因为所有的变温脊椎动物都是非哺乳动物，所以用一个类名称为非哺乳动物的叶结点作为根结点的右子女。如果脊椎动物是恒温的，则接下来用胎生这个属性来区分哺乳动物与其他恒温动物（主要是鸟类）。

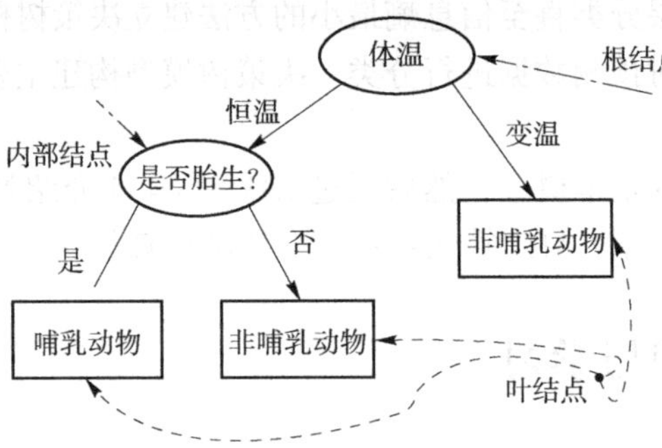

图 4－2　哺乳动物分类问题的决策树

一旦构造了决策树，对检验记录进行分类就相当容易了。从树的根结点开始，将测试条件用于检验记录，根据测试结构选择适当的分支。沿着该分类或者到达另一个内部结点，使用新的测试条件，或者到达一个叶结点。到达叶结点之后，叶结点的类名称就被赋值给该检验记录。

4.1.2　决策树与 if－then 规则

可以将决策树看成一个 if－then 规则的集合。将决策树转换成 if－then 规则的过程是这样的：由决策树的根结点到叶结点的每一条路径构建一条规则，路径上内部结点的特征对应着规则的条件，而叶结点的类对应着规则的结论。决策树的路径或其对应的 if－then 规则集合具有一个重要的性质：互斥并且完备。这就是说，每一个示例都被一条路径或一条规则所覆盖，而且只被一条路径或一条规则所覆盖。这里所谓的覆盖是指示例的特征与路径上的特征一致或示例满足规则的条件。

4.1.3　决策树与条件概率分布

决策树还表示给定特征条件下类的条件概率分布。这一条件概率分布定义在特征空间的

一个划分上。将特征空间划分为互不相交的单元或区域，并在每个单元定义一个类的概率分布就构成了一个条件概率分布。决策树的一条路径对应于划分中的一个单元。决策树所表示的条件概率分布由各个单元给定条件下类的条件概率分布组成。假设 X 为表示特征的随机变量，Y 为表示类的随机变量，那么这个条件概率分布可以表示为 $P(Y|X)$。X 取值于给定划分下单元的集合，Y 取值于类的集合。各叶结点（单元）上的条件概率往往偏向某一个类，即属于某类的概率较大。决策树分类时将该结点的实例强行分到条件概率大的那一类去[1]。

4.1.4　决策树学习

假设给定训练数据集为

$$D=\{(x_1,y_1),(x_2,y_2),\cdots,(x_N,y_N)\}$$

式中：$x_i=(x_i^{(1)},x_i^{(2)},\cdots,x_i^{(n)})^{\mathrm{T}}$ 为输入实例（特征向量）；n 为特征个数；$y_i\in\{1,2,\cdots,K\}$ 为类标记，$i=1,2,\cdots,N$，N 为样本容量。

决策树学习的目的是根据给定的训练数据集构建一个决策树模型，使它能够对实例进行正确的分类。

决策树学习本质上是从训练数据集中归纳出一组分类规则。与训练数据集不相矛盾的决策树（能对训练数据进行正确分类的决策树）可能有多个，也可能一个也没有。我们需要的是一个与训练数据矛盾较小的决策树，同时具有很好的泛化能力。从另一个角度看，决策树学习是由训练数据集估计条件概率模型。基于特征空间划分的类的条件概率模型有无穷多个，我们选择的条件概率模型应该不仅对训练数据有很好的拟合，而且对未知数据有很好的预测。

决策树学习用损失函数表示这个目标，损失函数通常是正则化的极大似然函数。决策树学习的策略是求损失函数的最小值。当损失函数确定后，学习问题就变为在损失函数意义下选择最优决策树的问题。因为从所有可能的决策树中选取最优决策树是 NP 完全问题，所以现实中决策树学习算法通常采用启发式方法，近似求解这一最优化问题。这样得到的决策树是次最优的。

决策树学习的算法通常是一个递归地选择最优特征，并根据该特征对训练数据进行分割，使得对各个子数据集有一个最好的分类的过程。这一过程对应着对特征空间的划分，也对应着决策树的构建。首先构建根结点，将所有训练数据都放在根结点，选择一个最优特征，按照这一特征将训练数据集分割成子集，使得各个子集有一个在当前条件下最好的分类。如果这些子集已经能够被基本正确分类，那么构建叶结点，并将这些子集分到所对应的叶结点中去；如果还有子集不能被基本正确分类，那么就对这些子集选择新的最优特征，继续对其进行分割，构建相应的结点。如此递归地进行下去，直至所有训练数据子集被基本正确分类，或者没有合适的特征为止。最后每个子集都被分到叶结点上，即都有了明确的类，就生成了一棵决策树。

以上方法生成的决策树可能对训练数据有很好的分类能力，但对未知的测试数据却未必有很好的分类能力，即可能发生过拟合现象。我们需要对已生成的树自下而上进行剪枝，将树变得更简单，从而使它具有更好的泛化能力。具体地，就是去掉过于细分的叶结点，使其回退到父结点，甚至更高的结点，然后将父结点或更高的结点改为新的叶结点。如果特征数量很多，也可以在决策树学习开始时对特征进行选择，只留下对训练数据有足够分类能力的特征。

可以看出，决策树学习算法包含特征选择、决策树的生成与决策树的剪枝过程。由于决策树表示一个条件概率分布，所以深浅不同的决策树对应着不同复杂度的概率模型。决策树的生成对应于模型的局部选择，决策树的剪枝对应于模型的全局选择。决策树的生成只考虑局部最优，相对地，决策树的剪枝则考虑全局最优。

决策树学习常用的算法有 ID3、C4.5 和 CART，下面结合这些算法分别叙述决策树学习的特征选择、决策树的生成和剪枝过程。

4.2 特征选择

4.2.1 特征选择的问题

特征选择在于选取对训练数据具有分类能力的特征，这样可以提高决策树学习的效率。如果利用一个特征进行分类的结果与随机分类的结果没有很大差别，则这个特征是没有分类能力的，经验上扔掉这样的特征对决策树学习的精度影响不大。通常特征选择的准则是信息增益或信息增益比[2]。

4.2.2 信息增益

为了便于说明，首先给出熵与条件熵的定义。在信息论与概率统计中，熵是表示随机变量不确定性的度量。设 X 是一个取有限个值的离散随机变量，其概率分布为

$$P(X=x_i)=p_i, i=1,2,\cdots,n$$

随机变量 X 的熵定义为

$$H(X)=-\sum_{i=1}^{n}p_i\log p_i \tag{4.1}$$

在式（4.1）中，若 $p_i=0$，则定义 $0\log 0=0$。通常，式中的对数以 2 为底数或以自然对数 e 为底数，这时熵的单位分别称为比特或纳特。由定义可知，熵只依赖于 X 的分布，而与 X 的取值无关，所以也可将 X 的熵记为 $H(p)$，即

$$H(p)=-\sum_{i=1}^{n}p_i\log p_i \tag{4.2}$$

熵越大，随机变量的不确定性就越大。从定义可验证：

$$0\leqslant H(p)\leqslant \log n$$

当随机变量只取两个值，即 1、0 时，X 的分布为

$$P(X=1)=p, P(X=0)=1-p, 0\leqslant p\leqslant 1$$

熵为

$$H(p)=-p\log_2 p-(1-p)\log_2(1-p) \tag{4.3}$$

这时，熵 $H(p)$ 随概率 p 变化的曲线如图 4-3 所示（单位为 bit）。

当 $p=0$ 或 $p=1$ 时，$H(p)=0$，随机变量完全没有不确定性。当 $p=0.5$ 时，$H(p)=1$，熵取值最大，随机变量不确定性最大[3]。

设有随机变量 (X,Y)，其联合概率分布为

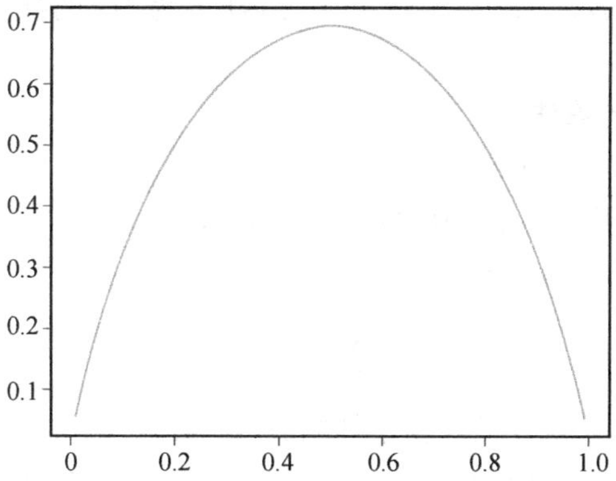

图 4-3　分布为伯努利分布时熵与概率的关系

$$P(X=x_i,Y=y_i)=p_{ij},i=1,2,\cdots,n;j=1,2,\cdots,m$$

条件熵 $H(Y|X)$ 表示在已知随机变量 X 的条件下随机变量 Y 的不确定性。随机变量 X 给定的条件下随机变量 Y 的条件熵 $H(Y|X)$，定义为 X 给定条件下 Y 的条件概率分布的熵对 X 的数学期望：

$$H(Y|X)=\sum_{i=1}^{n}p_iH(Y|X=x_i) \tag{4.4}$$

这里，$p_i=P(X=x_i),i=1,2,\cdots,n$

当熵和条件熵中的概率由数据估计（特别是极大似然估计）得到时，所对应的熵与条件熵分别称为经验熵和经验条件熵。此时，如果有 0 概率，令 $0\log 0=0$。

信息增益表示得知特征 X 的信息而使得类 Y 的信息的不确定性减少的程度。

定义 4.2 信息增益：特征 A 对训练数据集 D 的信息增益 $g(D,A)$，定义为集合 D 的经验熵 $H(D)$ 与特征 A 给定条件下 D 的经验条件熵 $H(D|A)$ 之差，即

$$g(D,A)=H(D)-H(D|A) \tag{4.5}$$

一般地，熵 $H(Y)$ 与条件熵 $H(Y|X)$ 之差称为互信息。决策树学习中的信息增益等价于训练数据集中类与特征的互信息。

决策树学习应用信息增益准则选择特征。给定训练数据集 D 和特征 A，经验熵 $H(D)$ 表示对数据集 D 进行分类的不确定性，而经验条件熵 $H(D|A)$ 表示在特征 A 给定的条件下对数据集 D 进行分类的不确定性。那么它们的差，即信息增益，就表示由于特征 A 而使得对数据集 D 的分类的不确定性减少的程度。显然，对于数据集 D 而言，信息增益依赖于特征，不同的特征往往具有不同的信息增益。信息增益大的特征具有更强的分类能力[4]。

根据信息增益准则的特征选择方法是：对训练数据集（或子集）D，计算其每个特征的信息增益，并比较它们的大小，选择信息增益最大的特征。设训练数据集为 D，$|D|$ 表示其样本容量，即样本个数。设有 K 个类 C_k（$k=1,2,\cdots,K$），$|C_k|$ 为属于类 C_k 的样本个数，$\sum_{k=1}^{K}|C_k|=|D|$。设特征 A 有 n 个不同的取值 $\{a_1,a_2,\cdots,a_n\}$，根据特征 A 的取值将 D 划分为 n 个子集 $D_1,D_2,\cdots,D_n$，$|D_i|$ 为 D_i 的样本个数，$\sum_{i=1}^{n}|D_i|=|D|$。设子集 D_i 中属

于类 C_k 的样本的集合为 D_{ik}，即 $D_{ik}=D_i\cap C_k$，$|D_{ik}|$ 为 D_{ik} 的样本个数。于是信息增益的算法如下。

算法 4.1　信息增益的算法

输入：训练数据集 D 和特征 A；

输出：特征 A 对训练数据集 D 的信息增益 $g(D,A)$。

（1）计算数据集 D 的经验熵 $H(D)$：

$$H(D)=-\sum_{k=1}^{K}\frac{|C_k|}{|D|}\log_2\frac{|C_k|}{|D|} \tag{4.6}$$

（2）计算特征 A 对数据集 D 的经验条件熵 $H(D|A)$：

$$H(D|A)=\sum_{i=1}^{n}\frac{|D_i|}{|D|}H(D_i)=-\sum_{i=1}^{n}\frac{|D_i|}{|D|}\sum_{k=1}^{K}\frac{|C_{ik}|}{|D_i|}\log_2\frac{|C_{ik}|}{|D_i|} \tag{4.7}$$

（3）计算信息增益：

$$g(D,A)=H(D)-H(D|A) \tag{4.8}$$

4.2.3　信息增益比

以信息增益作为划分训练数据集的特征，存在偏向于选择取值较多的特征的问题。使用信息增益比可以对这一问题进行校正。这是特征选择的另一准则[5]。

定义 4.3 信息增益比　特征 A 对训练数据集 D 的信息增益比 $g_R(D,A)$ 定义为其信息增益 $g(D,A)$ 与训练数据集 D 关于特征 A 的值的熵 $H_A(D)$ 之比，即

$$g_R(D,A)=\frac{g(D,A)}{H_A(D)} \tag{4.9}$$

式中：$H_A(D)=-\sum_{i=1}^{n}\frac{|D_i|}{|D|}\log_2\frac{|D_i|}{|D|}$，$n$ 是特征 A 取值个数。

4.3　决策树的生成

4.3.1　ID3 算法

ID3 算法的核心是在决策树各个结点上应用信息增益准则选择特征，递归地构建决策树。具体方法是从根结点开始：首先对结点计算所有可能的特征的信息增益，选择信息增益最大的特征作为结点的特征，并由该特征的不同取值建立子结点；然后对子结点递归地调用以上方法，构建决策树，直到所有特征的信息增益均很小或没有特征可以选择为止；最后得到一棵决策树。ID3 相当于用极大似然法进行概率模型的选择[6]。

算法 4.2　ID3 算法

输入：训练数据集 D、特征集 A 、阈值 ε；

输出：决策树 T。

（1）若 D 中所有实例属于同一类 C_k，则 T 为单结点树，并将类 C_k 作为该结点的类标记，返回 T。

（2）若 $A=\phi$，则 T 为单结点树，并将 D 中实例数最大的类 C_k 作为该结点的类标记，返

回 T。

(3) 否则，按算法 4.1 计算 A 中各特征对 D 的信息增益，选择信息增益最大的特征 A_g。

(4) 如果 A_g 的信息增益小于阈值 ε，则置 T 为单结点树，并将 D 中实例数最大的类 C_k 作为该结点的类标记，返回 T。

(5) 否则，对 A_g 的每一个可能值 a_i，依 $A_g = a_i$ 将 D 分割为若干非空子集 D_i，将 D_i 中实例数最大的类作为标记，构建子结点，由结点及其子结点构成树 T，返回 T。

(6) 对第 i 个子结点，以 D_i 为训练集，以 $A - \{A_g\}$ 为特征集，递归地调用步骤 (1) ~ (5)，得到子树 T_i，返回 T_i。

ID3 算法只含有树的生成，所以，由该算法生成的树容易产生过拟合。

4.3.2　C4.5 的生成算法

C4.5 的生成算法与 ID3 算法相似，但对其进行了改进。C4.5 在生成的过程中，用信息增益比选择特征。

算法 4.3　C4.5 的生成算法

输入：训练数据集 D、特征 A 、阈值 ε；

输出：决策树 T。

(1) 如果 D 中所有实例属于同一类 C_k，则置 T 为单结点树，并将 C_k 作为该结点的类，返回 T。

(2) 若 $A = \phi$，则 T 为单结点树，并将 D 中实例数最大的类 C_k 作为该结点的类标记，返回 T。

(3) 否则，计算 A 中各特征对 D 的信息增益比，并选择信息增益比最大的特征 A_g。

(4) 如果 A_g 的信息增益比小于阈值 ε，则置 T 为单结点树，并将 D 中实例数最大的类 C_k 作为该结点的类标记，返回 T。

(5) 否则，对 A_g 的每一个可能值 a_i，依 $A_g = a_i$ 将 D 分割为若干非空子集 D_i，将 D_i 中实例数最大的类作为标记，构建子结点，由结点及其子结点构成树 T，返回 T。

(6) 对第 i 个子结点，以 D_i 为训练集，以 $A - \{A_g\}$ 为特征集，递归地调用步骤 (1) ~ (5)，得到子树 T_i，返回 T_i。

4.4　决策树的剪枝

决策树生成算法递归地产生决策树，直到不能继续下去为止。这样产生的树往往对训练数据的分类很准确，但对未知的测试数据的分类没有那么准确，即出现过拟合现象。过拟合的原因在于学习时过多地考虑如何提高对训练数据的正确分类，从而构建出过于复杂的决策树。解决这个问题的办法是考虑决策树的复杂度，对已生成的决策树进行简化。在决策树学习中将已生成的树进行简化的过程称为剪枝。具体地，剪枝就是从已生成的树上裁掉一些子树或叶结点，并将其根结点或父结点作为新的叶结点，从而简化分类树模型。

本节介绍一种简单的决策树学习的剪枝算法。决策树的剪枝往往通过极小化决策树整体的损失函数或代价函数来实现。设树 T 的叶结点个数为 $|T|$，t 是树 T 的叶结点，该叶结点有

N_t 个样本点，其中 k 类的样本点有 N_{tk} 个($k=1,2,\cdots,K$)，$H_t(T)$ 为叶结点 t 上的经验熵，$\alpha \geqslant 0$ 为参数，则决策树学习的损失函数可以定义为

$$C_\alpha(T)=\sum_{t=1}^{|T|} N_t H_t(T)+\alpha|T| \tag{4.10}$$

其中经验熵为

$$H_t(T)=-\sum_k \frac{N_{tk}}{N_t}\log\frac{N_{tk}}{N_t} \tag{4.11}$$

在损失函数式（4.10）中，将等号右端的第一项记为

$$C_\alpha(T)=\sum_{t=1}^{|T|} N_t H_t(T)=-\sum_{t=1}^{|T|}\sum_{k=1}^{K} N_{tk}\log\frac{N_{tk}}{N_t} \tag{4.12}$$

则

$$C_\alpha(T)=C(T)+\alpha|T| \tag{4.13}$$

式中：$C(T)$ 表示模型对训练数据的预测误差，即模型与训练数据的拟合程度；$|T|$ 表示模型复杂度；参数 $\alpha \geqslant 0$ 控制两者之间的影响，较大的 α 促使选择较简单的模型（树），较小的 α 促使选择较复杂的模型（树），$\alpha=0$ 意味着只考虑模型与训练数据的拟合程度，不考虑模型的复杂度。

剪枝就是当 α 确定时，选择损失函数最小的模型，即损失函数最小的子树。当 α 值确定时，子树越大往往与训练数据的拟合越好，模型的复杂度也越高；相反，子树越小模型的复杂度就越低，但是往往与训练数据的拟合不好。损失函数正好表示了对两者的平衡。

可以看出，决策树生成只考虑了通过提高信息增益（或信息增益比）对训练数据进行更好的拟合，而决策树剪枝通过优化损失函数并考虑了减小模型复杂度。决策树生成学习局部的模型，而决策树剪枝学习整体的模型。

式（4.10）定义的损失函数的极小化等价于正则化的极大似然估计。所以，利用损失函数最小原则进行剪枝就是用正则化的极大似然估计进行模型选择。图 4－4 所示为决策树剪枝过程的示意图。

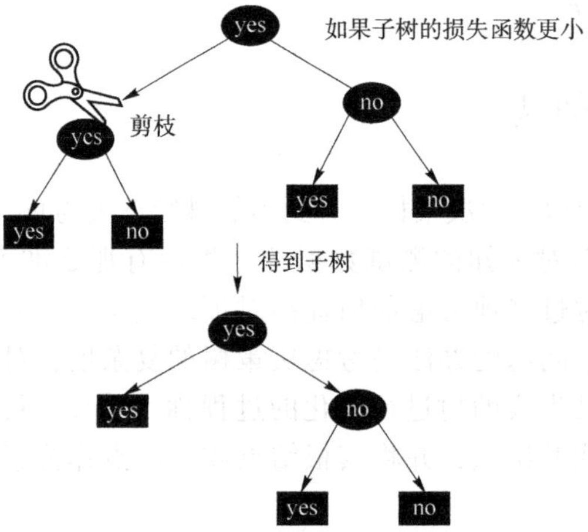

图 4－4　决策树的剪枝

算法 4.4　树的剪枝算法

输入：生成算法产生的整个树 T、参数 α；

输出：修剪后的子树 T_α。

(1) 计算每个结点的经验熵。

(2) 递归地从树的叶结点向上回缩：

设一组叶结点回缩到其父结点之前与之后的整体树分别为 T_B 和 T_A，其对应的损失函数数值分别是 $C_\alpha(T_B)$ 与 $C_\alpha(T_A)$，如果

$$C_\alpha(T_A) \leqslant C_\alpha(T_B)$$

则进行剪枝，即将父结点变为新的叶结点。

(3) 返回步骤 (2)，直至不能继续为止，得到损失函数最小的子树 T_α。

4.5　分类与回归树算法

分类与回归树（Classification and Regression Tree，CART）模型由 Breiman 等在 1984 年提出，是应用广泛的决策树学习方法。CART 同样由特征选择、树的生成及剪枝组成，既可以用于分类也可以用于回归。以下将用于 CART 统称为决策树。

CART 是在给定输入随机变量 X 条件下输出随机变量 Y 的条件概率分布的学习方法，CART 假设决策树是二叉树，内部结点特征的取值为“是”和“否”，左分支是取值为“是”的分支，右分支是取值为“否”的分支。这样的决策树等价于递归地二分每个特征，将输入空间即特征空间划分为有限个单元，并在这些单元上确定预测的概率分布，也就是在输入给定的条件下输出的条件概率分布。

CART 算法由以下两步组成：

(1) 决策树生成：基于训练数据集生成决策树，生成的决策树要尽量大。

(2) 决策树剪枝：用验证数据集对已生成的树进行剪枝并选择最优子树，这时用损失函数最小作为剪枝的标准。

4.5.1　CART 的生成

决策树的生成就是递归地构建二叉决策树的过程。对回归树用平方误差最小化准则、对分类树用基尼指数最小化准则进行特征选择生成二叉树[7]。

1. 回归树的生成

假设 X 与 Y 分别为输入和输出变量，并且 Y 是连续变量，给定训练数据集：

$$D = \{(x_1, y_1), (x_2, y_2), \cdots, (x_N, y_N)\}$$

考虑如何生成回归树。一棵回归树对应着输入空间（特征空间）的一个划分以及在划分的单元上的输出值。假设已将输入空间划分为 M 个单元 $R_1, R_2, \cdots, R_M$，并且在每个单元 R_m 上有一个固定的输出值 c_m，于是回归树模型可表示为

$$f(x) = \sum_{m=1}^{M} c_m I(x \in R_m) \tag{4.14}$$

当输入空间的划分确定时，可以用平方误差 $\sum\limits_{x_i \in R_m} (y_i - f(x_i))^2$ 表示回归树对于训练数据

的预测误差，用平方误差最小的准则求解每个单元上的最优输出值。易知，单元 R_m 上 c_m 的最优值 $\hat{c}_m$ 是 R_m 上的所有输入实例 x_i 对应的输出 y_i 的均值，即

$$\hat{c}_m = \text{ave}(y_i \mid x_i \in R_m) \tag{4.15}$$

那么怎样对输入空间进行划分呢？这里采用启发式的方法，选择第 j 个变量 $x^{(j)}$ 和它取的值 s，作为切分变量和切分点，并定义两个区域：

$$R_1(j,s) = \{x \mid x^{(j)} \leqslant s\} \text{ 和 } R_2(j,s) = \{x \mid x^{(j)} > s\}$$

然后寻找最优切分变量 j 和最优切分点 s。具体地，求解：

$$\min_{j,s}\left[\min_{c_1} \sum_{x_i \in R_1(j,s)} (y_i - c_1)^2 + \min_{c_2} \sum_{x_i \in R_2(j,s)} (y_i - c_2)^2\right] \tag{4.16}$$

对固定输入变量 j 可以找到最优切分点 s，即

$$\hat{c}_1 = \text{ave}(y_i \mid x_i \in R_1(j,s)), \hat{c}_2 = \text{ave}(y_i \mid x_i \in R_2(j,s))$$

遍历所有输入变量，找到最优的切分变量 j，构成一对 (j,s)，依此将输入空间划分为两个区域。接着，对每个区域重复上述划分过程，直到满足停止条件为止，这样就生成了一棵回归树。这样的回归树通常称为最小二乘回归树，现将算法叙述如下。

算法 4.5　最小二乘回归树生成算法

输入：训练数据集 D；

输出：回归树 $f(x)$。

在训练数据集所在的输入空间中，递归地将每个区域划分为两个子区域并决定每个子区域上的输出值，构建二叉决策树。

（1）选择最优切分变量 j 与切分点 s，求解：

$$\min_{j,s}\left[\min_{c_1} \sum_{x_i \in R_1(j,s)} (y_i - c_1)^2 + \min_{c_2} \sum_{x_i \in R_2(j,s)} (y_i - c_2)^2\right]$$

遍历变量 j，对固定的切分变量 j 扫描切分点 s，选择使上式达到最小值的对 (j,s)。

（2）用选定的对 (j,s) 划分区域并决定相应的输出值：

$$R_1(j,s) = \{x \mid x^{(j)} \leqslant s\}, R_2(j,s) = \{x \mid x^{(j)} > s\}$$

$$\hat{c}_m = \frac{1}{N_m} \sum_{x_i \in R_m(j,s)} y_i, x \in R_m, m = 1,2$$

（3）继续对两个子区域调用步骤（1）、（2），直至满足停止条件。

（4）将输入空间划分为 m 个区域 $R_1, R_2, \cdots, R_m$，生成决策树：

$$f(x) = \sum_{m=1}^{M} \hat{c}_m I, x \in R_m$$

2. 分类树的生成

分类树用基尼指数选择最优特征，同时决定该特征的最优二值切分点。

定义 4.4 基尼指数：在分类问题中，假设有 K 个类，样本点属于第 k 类的概率为 p_k，则概率分布的基尼指数定义为

$$\text{Gini}(p) = \sum_{k=1}^{K} p_k(1 - p_k) = 1 - \sum_{k=1}^{K} p_{k^2} \tag{4.17}$$

对于二分类问题，若样本点属于第 1 类的概率是 p，则概率分布的基尼指数为

$$\text{Gini}(p) = 2p(1 - p) \tag{4.18}$$

对于给定的样本集合 D，其基尼指数为

$$\mathrm{Gini}(D)=1-\sum_{k=1}^{K}\left(\frac{|C_k|}{|D|}\right)^2 \tag{4.19}$$

式中：C_k 为样本集合 D 中属于第 k 类的样本子集；K 为类的个数。

如果样本集合 D 根据特征 A 是否取某一可能值 a 被分割成 D_1 和 D_2 两个部分，即

$$D_1=\{(x,y)\in D\mid A(x)=a\},D_2=D-D_1$$

则在特征 A 的条件下，集合 D 的基尼指数定义为

$$\mathrm{Gini}(D,A)=\frac{|D_1|}{|D|}\mathrm{Gini}(D_1)+\frac{|D_2|}{|D|}\mathrm{Gini}(D_2) \tag{4.20}$$

基尼指数 $\mathrm{Gini}(D)$ 表示集合 D 的不确定性，基尼指数 $\mathrm{Gini}(D,A)$ 表示经过 $A=a$ 分割后集合 D 的不确定性。基尼指数值越大，样本集合的不确定性也就越大，这一点与熵相似[8]。

图 4-5 所示为二分类问题中基尼指数 $\mathrm{Gini}(p)$ 、熵（单位 bit）之半 $H(p)/2$ 和分类误差率的关系。横坐标表示概率 p，纵坐标表示损失。可以看出基尼指数和熵之半的曲线很接近，都可以近似地代表分类误差率。

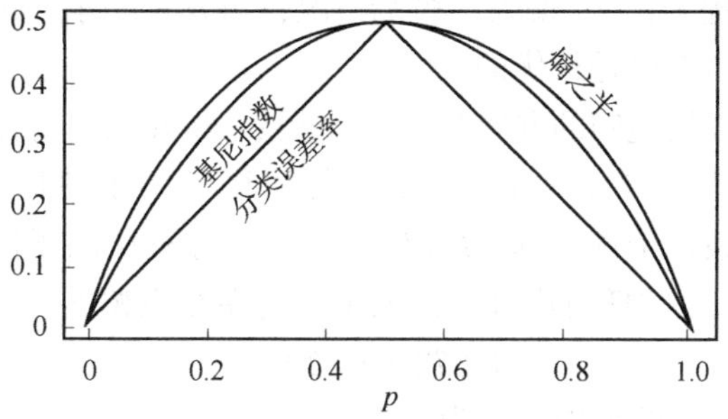

图 4-5　二分类中基尼指数、熵之半和分类误差率的关系

算法 4.6　CART 生成算法

输入：训练数据集 D，停止计算的条件；

输出：CART 决策树。

根据训练数据集，从根结点开始，递归地对每个结点进行以下操作，构建二叉决策树。

（1）设结点的训练数据集为 D，计算现有特征对该数据集的基尼指数。此时，对每一个特征 A 和其可能取的每个值 a，根据样本点对 $A=a$ 的测试为“是”或“否”将 D 分割成 D_1 和 D_2 两部分，利用基尼指数公式计算 $A=a$ 时的基尼指数。

（2）在所有可能的特征 A 以及它们所有可能的切分点 a 中，选择基尼指数最小的特征及其对应的切分点作为最优特征与最优切分点。依最优特征与最优切分点，从现结点生成两个子结点，将训练数据集依特征分配到两个子结点中去。

（3）对两个子结点递归地调用步骤（1）和（2），直至满足停止条件。

（4）生成 CART 决策树。

算法停止计算的条件是结点中的样本个数小于预定阈值，或样本集的基尼指数小于预定阈值（样本基本属于同一类），或者没有更多特征。

4.5.2 CART 剪枝算法

CART 剪枝算法从“完全生长”的决策树的底端剪去一些子树，使决策树变小（模型变简单），从而能够对未知数据有更准确的预测。CART 剪枝算法由两步组成：首先从生成算法产生的决策树 T_0 底端开始不断剪枝，直到 T_0 的根节点，形成一个子树序列 $\{T_0, T_1, \cdots, T_n\}$；然后通过交叉验证法在独立的验证数据集上对子树序列进行测试，从中选择最优子树[9]。剪枝，形成一个子树序列。

在剪枝过程中，计算子树的损失函数：

$$C_\alpha(T) = C(T) + \alpha |T| \tag{4.21}$$

式中：T 为任意子树；$C(T)$ 为对训练数据的预测误差（如基尼系数）；$|T|$ 为子树的叶结点个数；$\alpha \geqslant 0$ 为参数，$C_\alpha(T)$ 为参数是 α 时的子树 T 的整体损失；参数 α 用于权衡训练数据的拟合程度与模型的复杂度。

对固定的 α，一定存在使损失函数 $C_\alpha(T)$ 最小的子树，将其表示为 T_α。T_α 在损失函数 $C_\alpha(T)$ 最小的意义下是最优的。容易验证这样的最优子树是唯一的。当 α 大时，最优子树 T_α 偏小；当 α 小时，最优子树 T_α 偏大。极端情况，当 $\alpha = 0$ 时，整体树是最优的；当 $\alpha \to \infty$ 时，根结点组成的单结点树是最优的。

Breiman 等证明：可以用递归的方法对树进行剪枝。将 α 从小增大，$0 = \alpha_0 < \alpha_1 < \cdots < \alpha_n < \infty$，产生一系列区间 $[\alpha_i, \alpha_{i+1})$，$i = 0, 1, \cdots, n$，剪枝得到的子树序列对应着区间 $\alpha \in [\alpha_i, \alpha_{i+1})$ $(i = 0, 1, \cdots, n)$ 的最优子树序列 $\{T_0, T_1, \cdots, T_n\}$，序列中的子树是嵌套的。具体地，从整体树 T_0 开始剪枝。对 T_0 的任意内部结点 t，以 t 为单结点树的损失函数为

$$C_\alpha(T) = C(T) + \alpha \tag{4.22}$$

以 t 为根节点的子树 T_t 的损失函数为

$$C_\alpha(T_t) = C(T_t) + \alpha |T| \tag{4.23}$$

当 $\alpha = 0$ 及 α 充分小时，有不等式：

$$C_\alpha(T_t) < C_\alpha(t) \tag{4.24}$$

当 α 增大时，在某一个 α 值，则

$$C_\alpha(T_t) = C_\alpha(t) \tag{4.25}$$

当 α 再增大时，不等式（4.24）反向。只要 $\alpha = C(t) - C(T_t)/|T_t| - 1$，$T_t$ 与 t 有相同的损失函数值，而 t 的结点少，因此 t 比 T_t 更可取，对 T_t 进行剪枝。

因此，对 T_0 中每一个内部结点 t，计算：

$$g(t) = \frac{C(t) - C(T_t)}{|T_t| - 1} \tag{4.26}$$

式（4.24）表示剪枝后整体损失函数减少的程度。在 T_0 中减去 $g(t)$ 最小的 T_t，将得到的子树作为 T_1，同时将最小的 $g(t)$ 设为 α_1，T_1 为区间 $[\alpha_1, \alpha_2]$ 的最优子树。如此剪枝下去，直至得到根节点。在这一过程中，不断地增加 α 的值，产生新的区间。在剪枝得到子树序列 $T_0, T_1, \cdots, T_n$ 中，通过交叉验证选取最优子树 T_α。具体地，利用独立的验证数据集，测试子树序列 $T_0, T_1, \cdots, T_n$ 中各棵子树的平方误差或基尼指数。平方误差或基尼指数最小的决策树被认为是最优的决策树。在子树序列中，每棵子树 $T_0, T_1, \cdots, T_n$ 都对应于一个参数 $\alpha_0, \alpha_1, \cdots, \alpha_n$。所以，当最优子树 T_k 确定时，对应的 α_k 也就确定了，即得到最优决策树 T_α。

算法 4.7　CART 剪枝算法

输入：CART 算法生成的决策树 T_0；

输出：最优决策树 T_α。

(1) 设 $k=0, T=T_0$。

(2) 设 $\alpha=+\infty$。

(3) 自下而上地对各内部结点 t 计算 $C(T_t)$、$|T_t|$ 以及

$$g(t)=\frac{C(t)-C(T_t)}{|T_t|-1}$$

$$\alpha=\min(\alpha, g(t))$$

式中：T_t 表示以 t 为根结点的子树；$C(T_t)$ 为对训练数据的预测误差，$|T_t|$ 为 T_t 的叶结点个数。

(4) 对 $g(t)=\alpha$ 的内部结点 t 进行剪枝，并对叶结点 t 以多数表决法决定其类，得到树 T。

(5) 设 $k=k+1, \alpha_k=\alpha, T_k=T$。

(6) 如果 T_k 不是由根结点及两个叶结点构成的树，则返回步骤（2），否则令 $T_k=T_n$。

(7) 采用交叉验证法在子树序列 $T_0, T_1, \cdots, T_n$ 中选取最优子树 T_α。

4.6　集成学习和随机森林

4.6.1　集成学习

集成学习通过构建并结合多个学习器来完成学习任务，有时也被称为多分类器系统、基于委员会的学习等。

图 4－6 显示出集成学习的一般结构：首先产生一组“个体学习器”；然后用某种策略将它们结合起来。个体学习器通常由一个现有的学习算法从训练数据产生，例如，C4.5 决策树算法、反向传播（Back Propagation，BP）神经网络算法等，此时集成中只包含同种类型的个体学习器，例如“决策树集成”中全是决策树，“神经网络集成”中全是神经网络，这样的集成是“同质”的。同质集成中的个体学习器亦称“基学习器”，相应的学习算法称为“基学习算法”。集成也可以包含不同类型的个体学习器，例如同时包含决策树和神经网络，这样的集成是“异质”的；异质集成中的个体学习器由不同的学习算法生成，这时就不再有基学习算法。相应地，个体学习器一般不称为基学习器，常称为“组件学习器”或直接称为“个体学习器”。

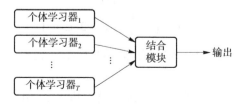

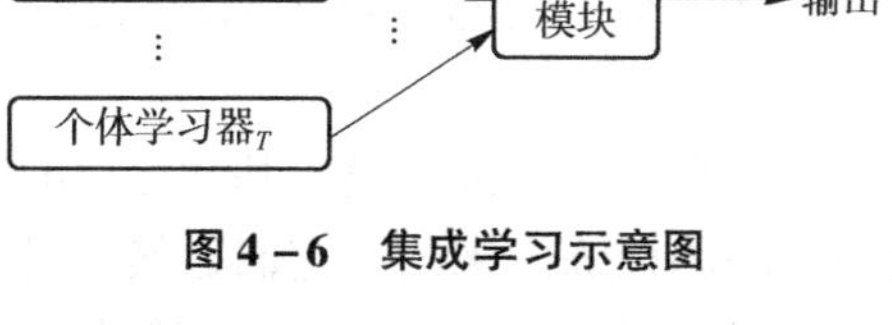

图 4－6　集成学习示意图

集成学习通过将多个学习器进行结合，常可获得比单一学习器显著优越的泛化性能。这对“弱学习器”尤为明显，因此集成学习的很多理论研究都是针对弱学习器进行的，而基学习器有时也被直接称为弱学习器。但需要注意的是，虽然从理论上来说使用弱学习器集成足以获得好的性能，但是在实践中出于种种考虑，例如，希望使用较少的个体学习器，或是重用关于常见学习器的一些经验等，人们往往会使用比较强的学习器[10]。

在一般经验中，如果把好坏不等的东西掺到一起，那么通常结果会是比最坏的要好一些，比最好的要坏一些。集成学习把多个学习器结合起来，如何能获得比最好的单一学习器更好的性能呢？考虑一个简单的例子：在二分类任务中，假设三个分类器在三个测试样本上的表现如图 4-7 所示，其中“√”表示分类正确，“×”表示分类错误，集成学习的结果通过投票法产生，即“少数服从多数”。在图 4-7（a）中，每个分类器都只有 66.6% 的精度，但集成学习却达到了 100%；在图 4-7（b）中，三个分类器没有差别，集成之后性能没有提高；在图 4-7（c）中，每个分类器的精度都只有 33.3%，集成学习的结果变得更糟。这个简单的例子显示出：要获得好的集成，个体学习器应“好而不同”，即个体学习器要有一定的“准确性”，即学习器不能太坏，并且要有“多样性”，即学习器间具有差异。

	测试例1	测试例2	测试例3
h_1	√	√	×
h_2	×	√	√
h_3	√	×	√
集成	√	√	√

（a）

	测试例1	测试例2	测试例3
h_1	√	√	×
h_2	√	√	×
h_3	√	√	×
集成	√	√	×

（b）

	测试例1	测试例2	测试例3
h_1	√	×	×
h_2	×	√	×
h_3	×	×	√
集成	×	×	×

（c）

图 4-7　集成个体应“好而不同”（h_i 表示第 i 个分类器）

（a）集成提升性能；（b）集成不起作用；（c）集成起负作用

下面来做个简单的分析，考虑二分类问题 $y \in \{-1, +1\}$ 和真实函数 f，假设基分类器的错误率为 $\in$，即对于每个基分类器 h_i，有

$$P(h_i(x) \neq f(x)) = \in \tag{4.27}$$

假设集成通过简单投票法结合 T 个基分类器，若有超过半数的基分类器正确，则集成分类就正确：

$$H(x) = \operatorname{sign}\left(\sum_{i=1}^{T} h_i(x)\right) \tag{4.28}$$

假设基分类器的错误率相互独立，则由 Hoeffding 不等式可知，集成的错误率为

$$\begin{aligned} P(H(x) \neq f(x)) &= \sum_{k=0}^{[\frac{T}{2}]} \binom{T}{k} (1-\in)^k \in^{T-k} \\ &\leqslant \exp\left(-\frac{1}{2}T(1-2\in)^2\right) \end{aligned} \tag{4.29}$$

式（4.29）显示，随着集成中个体分类器数目 T 的增大，集成的错误率将指数级下降，最终趋向于 0。

然而必须注意到，上面的分析有一个关键假设：基学习器的误差相互独立。在现实任务中，个体学习器是为解决同一个问题训练出来的，它们显然不可能相互独立。事实上，个体学习器的“准确性”和“多样性”本身就存在冲突。一般地，准确性很高之后，要增加多

样性就需牺牲准确性。事实上，如何产生并结合“好而不同”的个体学习器，恰是集成学习研究的核心。

根据个体学习器的生成方式，目前的集成学习方法大致可分为两大类，即个体学习器间存在强依赖关系、必须串行生成的序列化方法，以及个体学习器间不存在强依赖关系、可以同时生成的并行化方法。前者的代表是 Boosting，后者的代表是 Bagging 和“随机森林”。

4.6.2　Bagging 与随机森林

由上面分析可知，若想得到泛化性能强的集成，集成中的个体学习器应尽可能相互独立，虽然“独立”在现实任务中无法做到，但可以设法使基学习器尽可能具有较大的差异。给定一个训练数据集，一种可能的做法是对训练样本进行采样，产生出若干个不同的子集，再从每个数据子集中训练出一个基学习器。这样，由于训练数据不同，我们获得的基学习器渴望具有比较大的差异。然而，为了获得好的集成，同时还希望个体学习器不能太差。如果采样出的每个子集都完全不同，则每个基学习器只用到了一小部分训练数据，甚至不足以进行有效学习，显然无法确保产生出比较好的基学习器。为了解决这个问题，可以考虑使用相互有交叠的采样子集[11]。

1. Bagging

Bagging 是并行式集成学习方法最著名的代表。从名字可以看出，它直接基于自助采样法 bootstrap sampling。给定包含 m 个样本的数据集，首先随机取出一个样本放入采样集中；然后把该样本放回初始数据集，使得下次采样时该样本仍有可能被选中。这样，经过 m 次随机采样操作，可以得到含 m 个样本的采样集，初始训练集中有的样本在采样集里多次出现，有的则从未出现。

因此，可以首先采样出 T 个含 m 个训练样本的采样集；然后基于每个采样集训练出一个基学习器；最后将这些基学习器进行结合。这就是 Bagging 的基本流程。在对预测输出进行结合时，Bagging 通常对分类任务使用简单投票法，对回归任务使用简单平均法。若分类预测时出现两个类收到同样票数的情形，则最简单的做法是随机选择一个，也可以进一步考察学习器投票的置信水平来确定最终胜者。Bagging 算法如图 4－8 所示。

输入：训练集 $D=\{(x_1,y_1),(x_2,y_2),\cdots,(x_m,y_m)\}$；
　　　基学习算法 $\mathfrak{L}$；
　　　训练轮数 T.
过程：
for $t=1,2,\cdots,T$ do
　　$h_t=\mathfrak{L}(D,D_{bs})$
end for
输出：$H(x)=\arg\max\limits_{y\in Y}\sum_{t=1}^{T}\mathbb{I}(h_t(x)=y)$

图 4－8　Bagging 算法

假设基学习器的计算复杂度为 $O(m)$，则 Bagging 的复杂度大致为 $T(O(m)+O(s))$，考虑到采样与投票/平均过程的复杂度 $O(s)$ 很小，而 T 通常是一个不太大的常数，因此，训练一个 Bagging 集成与直接使用基学习算法训练一个学习器的复杂度同阶，这说明 Bagging 是一个很高效的集成学习算法。另外，与标准 AdaBoost 只适用于二分类任务不同，Bagging

能不经修改地用于多分类、回归等任务。

值得一提的是，自助采样过程还给 Bagging 带来了另一个优点：由于每个基学习器只使用了初始训练集中约 63.2% 的样本，剩下约 36.8% 的样本可用作验证集对泛化性能进行“包外估计”。因此，需要记录每个基学习器所使用的训练样本。不妨令 D_t 表示 h_t 实际使用的训练样本集，令 $H^{oob}(x)$ 表示对样本 x 的包外预测，即仅考虑那些未使用 x 训练的基学习器在 x 上的预测，有

$$H^{oob}(x) = \arg\max_{y \in Y} I(h_t(x) = y) \cdot I(x \notin D_t) \tag{4.30}$$

则 Bagging 泛化误差的包外估计为

$$\in^{oob} = \frac{1}{|D|} \sum_{(x,y) \in D} I(H^{oob}(x) \neq y) \tag{4.31}$$

事实上，包外样本还有许多其他用途。例如当基学习器是决策树时，可使用包外样本辅助剪枝，或用于估计决策树中各结点的后验概率以辅助对零训练样本结点的处理。当基学习器是神经网络时，可使用包外样本来辅助早期停止以减小过拟合风险。

2. 随机森林

随机森林（Random Forest，RF）是 Bagging 的一个扩展变体。RF 在以决策树为基学习器构建 Bagging 集成的基础上，进一步在决策树的训练过程中引入了随机属性选择。具体来说，传统决策树在选择划分属性时是在当前结点的属性集合（假设有 d 个属性）中选择一个最优属性；在 RF 中，对基决策树的每个结点：首先从该结点的属性集合中随机选择一个包含 k 个属性的子集；然后再从这个子集中选择一个最优属性用于划分。这里的参数 k 控制了随机性的引入程度：若令 $k = d$，则基决策树的构建与传统决策树相同；若令 $k = 1$，则是随机选择一个属性用于划分，一般情况下，推荐值 $k = \log_2 d$ [8]。

RF 简单、容易实现、计算开销小，令人惊奇的是，它在很多现实任务中展现出强大的性能，被誉为“代表集成学习技术水平的方法”。可以看出，RF 对 Bagging 只做了小改动，但是与 Bagging 中基学习器的“多样性”仅通过样本扰动（通过对初始训练集采样）而来不同，RF 中基学习器的多样性不仅来自样本扰动，还来自属性扰动，这就使得最终集成的泛化性能可通过个体学习器之间差异度的增加而进一步提升。

4.7 随机森林算法在睡眠分期中的应用

RF 作为机器学习的经典算法之一，在睡眠脑电领域得到了较好的发展。在机器学习中，RF 是一个包含多个决策树的分类器，并且其输出的类别是由个别树输出的类别的众数而定。由于 RF 包含多个决策树，因此 RF 十分适合解决睡眠分期这个多分类问题。由于 RF 是集成学习的一种算法，因此它本身的精度比大多数单个算法要好。RF 每次都采取放回取样的方式，会产生一些袋外数据（每棵决策树的生成都需要自助采样，这时就有 1/3 的数据未被选中，这部分数据就称为袋外数据），可以在模型生成过程中取得真实误差的无偏估计且不损失训练数据量。

1. EEG 睡眠分期的 RF 分类器实现过程

（1）从原始训练集中使用 Bootstraping 方法随机有放回采样取出 m 个样本，一共进行 n_tree 次采样，生成 n_tree 个训练集。

（2）对 n_tree 个训练集，分别训练 n_tree 个决策树模型。

（3）对于单个决策树模型，假设训练样本特征的个数为 n，那么每次分裂时根据信息增益/信息增益比/基尼指数选择最好的特征进行分裂。

（4）每棵树都依照这样分裂下去，直到该结点的所有训练样例都属于同一类，且在决策树的分裂过程中不需要剪枝。

（5）将生成的多棵决策树组成随机森林。对于分类问题，按照多棵树分类器投票决定最终分类结果；对于回归问题，由多棵树预测值的均值决定最终预测结果。

2. 具体代码（代码详解见注释）实现方法

实现代码如下：

```
import numpy as np
from sklearn.ensemble import RandomForestClassifier
from sklearn.model_selection import cross_val_score
from sklearn.model_selection import StratifiedKFold
from sklearn.metrics import accuracy_score
from sklearn.metrics import confusion_matrix
from sklearn.metrics import classification_report
rf_clf = RandomForestClassifier(n_estimators=30, oob_score=True, random_state=666, n_jobs=-1)
#构建 RF 分类器。其中参数有 n_estimators 为 RF 中决策树的个数;oob_score=True 表示有放回的抽样
#random_state=666 表示随机种子为 666;n_jobs=-1 表示让计算机全核运行
print(cross_val_score(rf_clf, X, y, cv=5).mean())
#5 折交叉验证输出 RF 分类的准确率
skf = StratifiedKFold(n_splits=5, random_state=0)
#利用 StratifiedKFold 输出每一折交叉验证的信息
for train_index, test_index in skf.split(X, y):
    X_train, X_test = np.array(X[train_index]), np.array(X[test_index])
    y_train, y_test = np.array(y)[train_index], np.array(y)[test_index]
#将数据分为训练数据集和测试数据集
rf_clf = RandomForestClassifier(n_estimators=30, oob_score=True, random_state=666, n_jobs=-1)
#构建 RF 分类器
rf_clf.fit(X_train,y_train)#对数据进行建模
y_predict = rf_clf.predict(X_test)#得到测试数据集的预测值
print(accuracy_score(y_predict, y_test))#输出准确率
conf_mat = confusion_matrix(y_test, y_predict)#构建混淆矩阵
print(conf_mat) #输出混淆矩阵
print(classification_report( y_test, y_predict)) #输出各项性能指标
```

3. RF 分期结果

本节使用了公开数据集 Sleep-EDF 进行实验，根据数据集中各个时期特征的不同，实现五分类过程。使用 RF 对睡眠数据进行自动分期，并与人工判读的具体结果进行对比。在验证模型准确率以及求各项性能指标时用了五折交叉验证，交叉验证可以一定程度上减小数

据的过拟合，运行程序后可得分类的总准确率为93.283%。由表4－1可知，由于N1期的数据量小，且与R期、N2期相似，所以最终导致准确率较低。其余各期的分类准确率较高，具有良好的分类效果。我们选取了其中一折交叉验证的结果，系统的混淆矩阵如表4－1所示。

表4－1　混淆矩阵

人工分期	随机森林分类				
	W	N1	N2	N3	R
W	400	0	0	0	0
N1	6	0	3	0	3
N2	2	0	39	8	1
N3	0	0	4	40	0
R	1	0	6	0	18

各项性能指标如表4－2所示。

表4－2　各项性能指标

人工分期	precision	recall	f1 － score	support
W	0.98	1.00	0.99	400
N1	0	0	0	12
N2	0.75	0.78	0.76	50
N3	0.83	0.91	0.87	44
R	0.82	0.72	0.77	25

参考文献

[1] Freund Y, Mason L. The alternating decision tree learning algorithm [C] // Proceeding of International Conference on Machine Learning. San Francisco: Morgan Kaufmann, 1999, 99: 124－133.

[2] 李航. 统计学习方法 [M]. 北京：清华大学出版社，2012.

[3] Safavian S R, Landgrebe D. A survey of decision tree classifier methodology [J]. IEEE Transactions on Systems Man & Cybernetics, 1991, 21 (3): 660－674.

[4] Liaw A, Wiener M. Classification and regression by randomForest [J]. R News, 2002, 2/3: 18－22.

[5] Fayyad U M , Irani K B . On the handling of continuous－valued attributes in decision tree generation [J]. Machine Learning, 1992, 8 (1): 87－102.

[6] Quinlan J R . Learning decision tree classifiers [J]. Acm Computing Surveys, 1996, 28 (1): 71－72.

[7] Loh W Y. Classification and regression trees [J]. WIREs Data Mining and Knowledge Discovery, 2011, 1: 14 –23.

[8] Mingers J . An empirical comparison of selection measures for decision – tree induction [J]. Machine Learning, 1989, 3 (4): 319 –342.

[9] Buntine W L , Niblett T. A further comparison of splitting rules for decision – tree induction [J]. Machine Learning, 1992, 8 (1): 75 –85.

[10] Tan P N, Steinbach M, Kumar V. 数据挖掘导论 [M]. 英文版. 北京：人民邮电出版社, 2006.

[11] 周志华. 机器学习 [M]. 北京：清华大学出版社, 2016.

第 5 章 贝叶斯网络

朴素贝叶斯法是基于贝叶斯定理与特征条件独立假设的分类方法。对于给定的训练数据集：首先基于特征条件独立假设学习输入/输出的联合概率分布；然后基于此模型，对给定的输入 x，利用贝叶斯定理求出后验概率最大的输出 y。朴素贝叶斯法实现简单，学习和预测效率高，是一种常用的方法[1]。

5.1 朴素贝叶斯法的学习与分类

5.1.1 基本方法

设输入空间 $\chi \subseteq \mathbf{R}^n$ 为 n 维向量的集合，输出空间为类标记集合 $y=\{c_1,c_2,\cdots,c_K\}$。输入为特征向量 $x \in \chi$，输出为类标记 $y \in Y$。X 是定义在输入空间上的随机变量，Y 是定义在输出空间 Y 的随机变量。$P(X,Y)$ 是 X 和 Y 的联合概率分布。训练数据集：$T=\{(x_1,y_1),(x_2,y_2),\cdots,(x_N,y_N)\}$ 由 $P(X,Y)$ 独立同分布产生。

朴素贝叶斯法通过训练数据集学习联合概率分布 $P(X,Y)$。具体地，学习以下先验概率分布及条件概率分布。先验概率分布：

$$P(Y=c_k),k=1,2,\cdots,K \tag{5.1}$$

条件概率分布：

$$P(X=x \mid Y=c_k)=P(X^{(1)}=x^{(1)},\cdots,X^{(n)}=x^{(n)} \mid Y=c_k),k=1,2,\cdots,K \tag{5.2}$$

于是学习到联合概率分布 $P(X \mid Y)$。

条件概率分布 $P(X=x \mid Y=c_k)$ 有指数级数量的参数，其估计实际是不可行的。事实上，假设 $x^{(j)}$ 可取值有 S_j 个 $(j=1,2,\cdots,n)$，Y 可取值有 K 个，那么参数个数为 $K\prod_{j=1}^{n} S_j$。朴素贝叶斯法对条件概率分布作了条件独立性的假设。由于这是一个较强的假设，朴素贝叶斯也由此得名。具体地，条件独立性假设为

$$\begin{aligned} P(X=x \mid Y=c_k) &= P(X^{(1)}=x^{(1)},\cdots,X^{(n)}=x^{(n)} \mid Y=c_k) \\ &= \prod_{j=1}^{n} P(X^{(j)}=x^{(j)} \mid Y=c_k) \end{aligned} \tag{5.3}$$

朴素贝叶斯法实际上学习到生成数据的机制，所以属于生成模型。条件独立假设用于分类的特征在类确定的条件下都是条件独立的。这一假设使朴素贝叶斯法变得简单，但是有时会牺牲一定的分类准确率[2]。

朴素贝叶斯法分类时，对给定的输入 x，通过学习到的模型计算后验概率分布 $P(Y=c_k \mid X=x)$，将后验概率最大的类作为 x 的类输出[3]。后验概率计算根据贝叶斯定理进行：

$$P(Y=c_k \mid X=x) = \frac{P(X=x \mid Y=c_k)P(Y=c_k)}{\sum_k P(X=x \mid Y=c_k)P(Y=c_k)} \tag{5.4}$$

将条件独立性假设代入式（5.4）后，有

$$P(Y=c_k \mid X=x) = \frac{P(Y=c_k)\prod_{j=1} P(X^{(j)}=x^{(j)} \mid Y=c_k)}{\sum_k P(Y=c_k)\prod_j P(X^{(j)}=x^{(j)} \mid Y=c_k)}, k=1,2,\cdots,K \tag{5.5}$$

这就是朴素贝叶斯法分类的基本公式。于是，朴素贝叶斯分类器可表示为

$$y=f(x)=\arg\max_{c_k} \frac{P(Y=c_k)\prod_{j=1} P(X^{(j)}=x^{(j)} \mid Y=c_k)}{\sum_k P(Y=c_k)\prod_j P(X^{(j)}=x^{(j)} \mid Y=c_k)} \tag{5.6}$$

在式（5.6）中分母对所有 c_k 都是相同的，则

$$y=f(x)=\arg\max_{c_k} P(Y=c_k)\prod_{j=1} P(X^{(j)}=x^{(j)} \mid Y=c_k) \tag{5.7}$$

5.1.2 后验概率最大化的含义

朴素贝叶斯法将实例分到后验概率最大的类中，这等价于期望风险最小化。假设选择0－1损失函数[4]：

$$L(Y,f(X))\begin{cases}1, Y \neq f(X)\\ 0, Y=f(X)\end{cases} \tag{5.8}$$

式中：$f(X)$ 为分类决策函数。

这时，期望风险函数为

$$R_{\exp}(f)=E[L(Y,f(X))] \tag{5.9}$$

期望是对联合分布 $P(X,Y)$ 取的。由此取条件期望：

$$R_{\exp}(f)=E_X\sum_{k=1}^{K}[L(c_k,f(X))]P(c_k \mid X) \tag{5.10}$$

为了使期望风险最小化，只需要对 $X=x$ 逐个极小化，可得

$$\begin{aligned} f(x) &= \arg\min_{y\in Y}\sum_{k=1}^{K} L(c_k,y)P(c_k \mid X=x) \\ &= \arg\min_{y\in Y}\sum_{k=1}^{K} P(y \neq c_k \mid X=x) \\ &= \arg\min_{y\in Y}(1-P(y=c_k \mid X=x)) \\ &= \arg\max_{y\in Y} P(y=c_k \mid X=x) \end{aligned}$$

这样一来，根据期望风险最小化准则就得到了后验概率最大化准则：

$$f(x)=\arg\max_{c_k} P(c_k \mid X=x) \tag{5.11}$$

这就是朴素贝叶斯法所采用的原理。

5.2 朴素贝叶斯的参数估计

5.2.1 极大似然估计

在朴素贝叶斯法中，学习意味着估计 $P(Y=c_k)$ 和 $P(X^{(j)}=x^{(j)} \mid Y=c_k)$。可以应用极大似然估计法估计相应的频率。先验概率 $P(Y=c_k)$ 的极大似然估计为

$$P(Y=c_k)=\frac{\sum_{i=1}^{N} I(y_i=c_k)}{N},k=1,2,\cdots,K \tag{5.12}$$

设第 j 个特征 $x^{(j)}$ 可能取值的集合为 $\{a_{j1},a_{j2},\cdots,a_{jS_j}\}$，条件概率 $P(X^{(j)}=a_{jl} \mid Y=c_k)$ 的极大似然估计为

$$P(X^{(j)}=a_{jl} \mid Y=c_k)=\frac{\sum_{i=1}^{N} I(x_i^{(j)}=a_{jl},y_i=c_k)}{\sum_{i=1}^{N} I(y_i=c_k)}$$

$$j=1,2,\cdots,n;l=1,2,\cdots,S_j;k=1,2,\cdots,K \tag{5.13}$$

式中：$x_i^{(j)}$ 为第 i 个样本的第 j 个特征；a_{jl} 为第 j 个特征可能取的第 l 个值；I 为指示函数。

5.2.2 学习与分类算法

下面给出朴素贝叶斯的学习与分类算法。

算法 5.1 朴素贝叶斯算法

输入：训练数据集 $T=\{(x_1,y_1),(x_2,y_2),\cdots,(x_N,y_N)\}$，其中 $x_i=(x_i^{(1)},x_i^{(2)},\cdots,x_i^{(n)})^{\mathrm{T}}$，$x_i^{(j)}$ 是第 i 个样本的第 j 个特征，$x_i^{(j)} \in \{a_{j1},a_{j2},\cdots,a_{jS_j}\}$，$a_{jl}$ 是第 j 个特征可能取的第 l 个值 $(j=1,2,\cdots,n,\ l=1,2,\cdots,S_j)$，$y_i \in \{c_1,c_2,\cdots,c_K\}^2$；实例 x；

输出：实例 x 的分类。

（1）计算先验概率及条件概率：

$$P(Y=c_k)=\frac{\sum_{i=1}^{N} I(y_i=c_k)}{N},k=1,2,\cdots,K$$

$$P(X^{(j)}=a_{jl} \mid Y=c_k)=\frac{\sum_{i=1}^{N} I(x_i^{(j)}=a_{jl},y_i=c_k)}{\sum_{i=1}^{N} I(y_i=c_k)}$$

$$j=1,2,\cdots,n;l=1,2,\cdots,S_j;k=1,2,\cdots,K$$

（2）对于给定的实例 $x_i=(x_i^{(1)},x_i^{(2)},\cdots,x_i^{(n)})^{\mathrm{T}}$，计算：

$$P(Y=c_k)\prod_{j=1}^{n} P(X^{(j)}=x^{(j)} \mid Y=c_k),k=1,2,\cdots,K$$

（3）确定实例 x 的类：

$$y = \arg\max_{c_k} P(Y=c_k)\prod_{j=1}^{n} P(X^{(j)}=x^{(j)} \mid Y=c_k)$$

5.2.3　贝叶斯估计

用极大似然估计可能会出现所要估计的概率值为 0 的情况[5]。这时会影响到后验概率的计算结果，使分类产生偏差。解决这个问题的方法是采用贝叶斯估计。具体地，条件概率的贝叶斯估计为

$$P_\lambda(X^{(j)}=a_{jl} \mid Y=c_k) = \frac{\sum_{i=1}^{N} I(x_i^{(j)}=a_{jl}, y_i=c_k)+\lambda}{\sum_{i=1}^{N} I(y_i=c_k)+S_j\lambda} \tag{5.14}$$

式中，$\lambda \geqslant 0$。等价于在随机变量各个取值的频数上赋予一个整数 $\lambda > 0$，当 $\lambda=0$ 时就是极大似然估计。常取 $\lambda=1$，这时称为拉普拉斯平滑。显然，对于任何 $l=1,2,\cdots,S_j$，$k=1,2,\cdots,K$，有

$$P_\lambda(X^{(j)}=a_{jl} \mid Y=c_k) > 0 \tag{5.15}$$

$$\sum_{l=1}^{S_j} P(X^{(j)}=a_{jl} \mid Y=c_k) = 1 \tag{5.16}$$

式（5.16）表明，条件概率的贝叶斯估计为一种概率分布。同样，先验概率的贝叶斯估计为

$$P_\lambda(Y=c_k) = \frac{\sum_{i=1}^{N} I(y_i=c_k)+\lambda}{N+K\lambda} \tag{5.17}$$

5.3　贝叶斯网络

朴素贝叶斯分类器的条件假设似乎太严格了，特别是对那些属性之间有一定相关性的分类问题。本节介绍了一种更灵活的条件概率 $P(X|Y)$ 的建模方法。该方法不要求给定类的所有属性都条件独立，而是允许指定哪些属性条件独立[6]。首先讨论怎样表示和建立概率模型；然后举例说明怎样使用模型进行推理。

5.3.1　模型表示

贝叶斯网络又称为贝叶斯信念网络，是用图形表示一组随机变量之间的概率关系[7]。贝叶斯网络有两个主要成分：①一个有向无环图，表示变量之间的依赖关系；②一个概率表，把各节点和它的直接父节点关联起来。

考虑三个随机变量 A、B 和 C，其中 A 和 B 相互独立，并且直接影响第三个变量 C。三个变量之间的关系可以用图 5-1（a）中的有向无环图概括。图中每个节点表示一个变量，每条弧表示两个变量之间的依赖关系。如果从 X 到 Y 有一条有向弧，则 X 是 Y 的父母，Y 是 X 的子女。另外，如果网络中存在一条从 X 到 Z 的有向路径，则 X 是 Z 的祖先，而 Z 是 X 的后代。例如，在图 5-1（b）中，A 是 D 的后代，D 是 B 的祖先，而且 B 和 D 都不是 A 的后

代节点。贝叶斯网络的一个重要性质表述如下。

性质1 对于条件独立贝叶斯网络的一个节点，如果它的父、母节点已知，则它条件独立于它的所有非后代节点。

在图5－1（b）中，给定 C、A 条件独立于 B 和 D，因为 B 和 D 都是 A 的非后代节点。朴素贝叶斯分类器中的条件假设也可以用贝叶斯网络表示，如图5－1（c）所示，其中 Y 是目标类，$\{X_1, X_2, \cdots, X_d\}$ 是属性集。

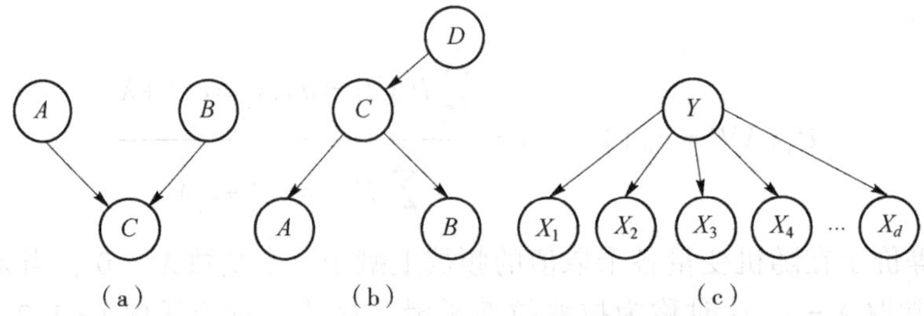

图5－1 使用有向无环图表示概率关系

除了网络拓扑结构要求的条件独立性外，每个节点还关联一个概率表。

（1）如果节点 X 没有父、母节点，则表中只包含先验概率 $P(X)$。

（2）如果节点 X 只有一个父、母节点 Y，则表中包含条件概率 $P(X \mid Y)$。

（3）如果节点 X 有多个父、母节点（$Y_1, Y_2, \cdots, Y_k$），则表中包含条件概率 $P(X \mid Y_1, Y_2, \cdots, Y_k)$。

图5－2所示为贝叶斯网络对心脏病或心口痛患者建模的一个例子。假设图5－1中每个变量都是二值的。心脏病节点（Heart Disease，HD）的父、母节点对应于影响该疾病的危险因素，例如锻炼（Exercise，E）和饮食（Diet，D）等；心脏病节点的子节点对应于该病的症状，如胸痛（Chest Pain，CP）和高血压（Blood Pressure，BP）等。如图5－2所示，心口痛（Heartache，Ha）可能源于不健康的饮食。

影响疾病的危险因素对应的节点只包含先验概率，而心脏病、心口痛以及它们的相应症状所对应的节点都包含条件概率。为了节省空间，图5－2中省略了一些概率。注意，$P=(X=\bar{x})=1-P(X=x), P(X=\bar{x} \mid Y)=1-P(X=x \mid Y)$，其中 $\bar{x}$ 表示和 x 相反的结果。因此，省略的概率可以很容易求得。例如，条件概率：

$$\begin{aligned}&P(\text{心脏病}=\text{No} \mid \text{锻炼}=\text{No},\text{饮食}=\text{健康})\\&=1-P(\text{心脏病}=\text{Yes} \mid \text{锻炼}=\text{No},\text{饮食}=\text{健康})\\&=1-0.55=0.45\end{aligned}$$

5.3.2 建立模型

贝叶斯网络的建模包括两个步骤：①创建网络结构；②估计每一个节点的概率表中的概率值。网络拓扑结构可以通过对主观的领域专家知识编码获得。算法5.2给出了归纳贝叶斯网络拓扑结构的一个系统过程。

算法5.2 贝叶斯网络拓扑结构的生成算法

（1）设 $T=(X_1, X_2, \cdots, X_d)$ 表示变量的全序。

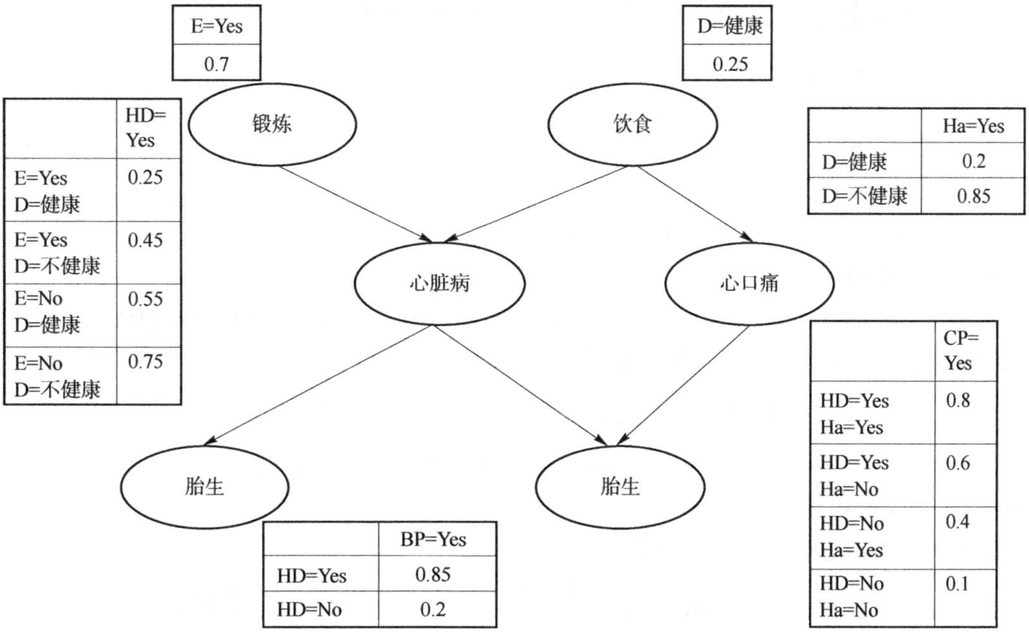

图 5－2　发现心脏病和心口痛病人的贝叶斯网络

（2） for $j=1$ to d, do(3) ~ (5)。

（3） 令 $X_{T(j)}$ 表示 T 中第 j 个次序最高的变量。

（4） 令 $\pi(X_{T(j)})=\{X_{T(1)},X_{T(2)},\cdots,X_{T(j-1)}\}$ 表示排在 $X_{T(j)}$ 前面的变量的集合。

（5） 从 $X_{T(j)}$ 和 $\pi(X_{T(j)})$ 中剩余的变量之间画弧。

上述算法保证生成的拓扑结构不包含环，这一点也很容易证明[8]。如果存在环，那么至少有一条弧从低序节点指向高序节点，并且至少存在另一条弧从高序节点指向低序节点。由于该算法不允许从低序节点到高序节点的弧存在，因此拓扑结构中不存在环。然而，如果对变量采用不同的排序方案，得到的网络拓扑结构可能会有变化。某些拓扑结构可能质量很差，因为它在不同的节点对之间产生了很多条弧。从理论上讲，可能需要检查所有 $d!$ 种可能的排序才能确定最佳的拓扑结构，这是一项计算开销很大的任务。替代的方法首先是把变量分为原因变量和结果变量；然后从各原因变量向其对应的结果变量画弧。这种方法简化了贝叶斯网络结构的建立。一旦找到合适的拓扑结构，与各节点关联的概率表就确定了[9]。对这些概率的估计就比较容易，这与朴素贝叶斯分类器中所用的方法类似。

5.3.3　使用贝叶斯信念网络进行推理示例

假设对使用图 5－2 的贝叶斯信念网络（Bayesian Belief Networks，BBN）诊断一个人是否患有心脏病感兴趣，下面介绍在不同的情况下如何做出诊断。

情况一　没有先验信息

在没有任何先验信息的情况下，可以通过计算先验概率 $P(\mathrm{HD=Yes})$ 和 $P(\mathrm{HD=No})$ 确定一个人是否可能患有心脏病。为了表述方便，设 $\alpha\in\{\mathrm{Yes,No}\}$ 表示锻炼的两个值，$\beta\in\{健康,不健康\}$ 表示饮食的两个值。

$$P(\mathrm{HD}=\mathrm{Yes})=\sum_{\alpha}\sum_{\beta}P(\mathrm{HD}=\mathrm{Yes}\mid \mathrm{E}=\alpha,\mathrm{D}=\beta)P(\mathrm{E}=\alpha,\mathrm{D}=\beta)$$
$$=\sum_{\alpha}\sum_{\beta}P(\mathrm{HD}=\mathrm{Yes}\mid \mathrm{E}=\alpha,\mathrm{D}=\beta)P(\mathrm{E}=\alpha)P(\mathrm{D}=\beta)$$
$$=0.25\times0.7\times0.25+0.45\times0.7\times0.75+0.55\times0.3\times0.25+0.75\times0.3\times0.75$$
$$=0.49$$

因为 $P(\mathrm{HD}=\mathrm{No})=1-P(\mathrm{HD}=\mathrm{Yes})=0.51$，所以此人不得心脏病的概率略微大一点。

情况二　高血压

如果一个人有高血压，可以通过比较后验概率 $P(\mathrm{HD}=\mathrm{Yes}\mid \mathrm{BP}=\text{高})$ 和 $P(\mathrm{HD}=\mathrm{No}\mid \mathrm{BP}=\text{高})$ 诊断他是否患有心脏病。因此，必须计算 $P(\mathrm{BP}=\text{高})$：

$$P(\mathrm{BP}=\text{高})=\sum_{\gamma}P(\mathrm{BP}=\text{高}\mid \mathrm{HD}=\gamma)P(\mathrm{HD}=\gamma)$$
$$=0.85\times0.49+0.2\times0.51=0.518\,5$$

式中，$\gamma\in\{\mathrm{Yes},\mathrm{No}\}$。

因此，此人患心脏病的后验概率为

$$P(\mathrm{HD}=\mathrm{Yes},\mid \mathrm{BP}=\text{高})=\frac{P(\mathrm{BP}=\text{高}\mid \mathrm{HD}=\mathrm{Yes})P(\mathrm{HD}=\mathrm{Yes})}{P(\mathrm{BP}=\text{高})}$$
$$=\frac{0.85\times0.49}{0.518\,5}=0.803\,3$$

同理，$P(\mathrm{HD}=\mathrm{No}\mid \mathrm{BP}=\text{高})=1-0.803\,3=0.196\,7$。因此，当一个人有高血压时，他患心脏病的危险就增加了。

情况三　高血压、饮食健康和经常锻炼身体

假设得知此人经常锻炼身体并且饮食健康，这些新信息会对诊断造成怎样的影响呢？加上这些新信息，此人患心脏病的后验概率为

$$P(\mathrm{HD}=\mathrm{Yes}\mid \mathrm{BP}=\text{高},\mathrm{D}=\text{健康},\mathrm{E}=\mathrm{Yes})$$
$$=\left[\frac{P(\mathrm{BP}=\text{高}\mid \mathrm{HD}=\mathrm{Yes},\mathrm{D}=\text{健康},\mathrm{E}=\mathrm{Yes})}{P(\mathrm{BP}=\text{高}\mid \mathrm{D}=\text{健康},\mathrm{E}=\mathrm{Yes})}\right]\times P(\mathrm{HD}=\mathrm{Yes}\mid \mathrm{D}=\text{健康},\mathrm{E}=\mathrm{Yes})$$
$$=\frac{P(\mathrm{BP}=\text{高}\mid \mathrm{HD}=\mathrm{Yes})P(\mathrm{HD}=\mathrm{Yes}\mid \mathrm{D}=\text{健康},\mathrm{E}=\mathrm{Yes})}{\sum_{\gamma}P(\mathrm{BP}=\text{高}\mid \mathrm{HD}=\gamma)P(\mathrm{HD}=\gamma\mid \mathrm{D}=\text{健康},\mathrm{E}=\mathrm{Yes})}$$
$$=\frac{0.85\times0.25}{0.85\times0.25+0.2\times0.75}=0.586\,2$$

而此人不患心脏病的概率为

$$P(\mathrm{HD}=\mathrm{No}\mid \mathrm{BP}=\text{高},\mathrm{D}=\text{健康},\mathrm{E}=\mathrm{Yes})=1-0.586\,2=0.413\,8$$

因此，模型暗示健康的饮食和有规律的体育锻炼可以降低患心脏病的危险。

5.3.4　BBN的特点

下面介绍 BBN 模型的一般特点。

(1) BBN 提供了一种用图形模型来捕获特定领域的先验知识的方法，网络还可以用来对变量间的因果依赖关系进行编码。

(2) 构造网络可能既费时又费力，然而，一旦网络结构确定下来，添加新变量就十分容易了。

(3) 贝叶斯网络很适合处理不完整的数据，对于有属性遗漏的示例可以通过对该属性的所有可能取值的概率求和或求积分加以处理。

(4) 因为数据和先验知识以概率的方式结合起来了，所以该方法对模型的过分拟合问题是非常健壮的。

5.4 贝叶斯网络在睡眠分期中的应用

图形结构的贝叶斯网络，是基于概率和统计理论的决策工具。贝叶斯方法是一种非常有代表性的不确定性知识表示和推理方法，是人工智能领域不确定性推理和建模的一种有效工具。利用贝叶斯网络对事件或属性中带有不确定性的相互关系进行建模和推理，在决策、实现特征融合和进行分类的数据分析领域得到广泛应用。贝叶斯网络同样在睡眠分期领域中也得到了广泛应用。

1. EEG 睡眠分期的贝叶斯网络分类器具体代码（代码详解见注释）

实现代码如下：

```
import csv
import numpy as np
from sklearn.naive_bayes import GaussianNB
from sklearn.naive_bayes import BernoulliNB
from sklearn.naive_bayes import MultinomialNB
from sklearn.cross_validation import train_test_split
from sklearn.preprocessing import StandardScaler
from sklearn.metrics import accuracy_score
from sklearn.metrics import confusion_matrix
from sklearn.metrics import classification_report
data = []
traffic_feature = []                          #特征数据集
traffic_target = []                           # 标签数据集
csv_file = csv.reader(open('sleep_stage.csv'))# 从 sleep_stage 中读取数据
for content in csv_file:
    content = list(map(float,content))
    if len(content)! =0:
        data.append(content)
        traffic_feature.append(content[0:30])# 将 30 列数据放入特征数据集中
traffic_target = y                            # 将数组 y 中的标签放置于标签数据集中
scaler = StandardScaler()                     # 标准化转换
scaler.fit(traffic_feature)                   # 训练标准化对象
traffic_feature = scaler.transform(traffic_feature)# 转换数据集
feature_train, feature_test, target_train, target_test = train_test_split
 (traffic_feature, traffic_target, test_size = 0.3,random_state = 0)
                                              # 把数据集划分为训练数据集和测试数据集
NB = BernoulliNB()                            # 构建贝叶斯网络分类器
```

```
26.NB.fit(feature_train,target_train)                          # 对训练数据集建模
27.predict_results = NB.predict(feature_test)                  # 得出测试数据集的预测值
28.print(accuracy_score(predict_results, target_test))         # 输出准确率
29. conf_mat = confusion_matrix(target_test, predict_results)print(conf_
    mat)                                                        # 输出混淆矩阵
30.print(classification_report(target_test, predict_results)) # 输出各项性能指标
```

2. 贝叶斯网络分期结果

本节使用了公开数据集 Sleep - EDF 进行实验，根据数据集中各个时期特征的不同，实现五分类过程。使用贝叶斯网络对睡眠数据进行自动分期，并与人工判读的具体结果进行对比，运行程序后可得分类的总准确率为 91. 698% 。由表 5 - 1 可知，由于 N1 期的数据量小，且与 R 期、N2 期相似，所以最终导致准确率较低。其余各期的分类准确率较高，具有良好的分类效果。系统的混淆矩阵如表 5 - 1 所示。

表 5 - 1　混淆矩阵

人工分期	贝叶斯网络分类				
	W	N1	N2	N3	R
W	581	13	2	3	13
N1	3	3	3	0	8
N2	1	0	64	5	8
N3	0	0	5	54	0
R	0	1	1	0	27

各项性能指标如表 5 - 2 所示。

表 5 - 2　各项性能指标

人工分期	precision	recall	f1 - score	support
W	0. 99	0. 95	0. 97	612
N1	0. 18	0. 18	0. 18	17
N2	0. 85	0. 82	0. 84	78
N3	0. 87	0. 92	0. 89	59
R	0. 48	0. 93	0. 64	29

参考文献

[1] Tan P N, Steinbach M, Kumarv. 数据挖掘导论 [M]. 英文版. 北京：人民邮电出版社, 2006.

[2] Mc Callum A, Nigam K. A comparison of event models for Naive Bayes text classification [C]. Proceedings of AAA2 - 98 Workshop on Learning for Text Categorization. Madison, 1998: 41 - 48.

[3] Zhang H . The Optimality of Naive Bayes [C] // Proceedings of Seventeenth International Florida Artificial Intelligence Research Society Conference, 2004.

[4] Lewis D . Naive (Bayes) at Forty : the independence assumption in information retrieval [C] // Proceedings of European Conference on Machine Learning. Springer, Berlin, Heidelberg, 1998.

[5] Rish I. An empircal stady of the naive Bayes classifier [C] //IJCAI 2001 workshop on impirical methods in artificial intelligence, 2001, 3c221: 41 -46.

[6] Friedman N, Geiger D, Goldszmidt M. Bayesian network classifiers [J]. Machine Learning, 1997, 29 (2 -3): 131 -163.

[7] 李航. 统计学习方法 [M]. 北京: 清华大学出版社, 2012.

[8] Tsamardinos I, Brown L E, Aliferis C F. The max - min hill - climbing Bayesian network structure learning algorithm [J]. Machine Learning, 2006, 65: 31 -78.

[9] Chickering D M . Learning equivalence classes of Bayesian - Network structures [J]. Journal of Machine Learning Research, 2002, 2 (3): 445 -498.

第6章　支持向量机

支持向量机（Support Vector Machine，SVM）于1964年被提出，在20世纪末期得到迅猛发展，因为SVM具有良好的分类性能，从而很快占据了数据挖掘领域，而且在很长一段时间里领先于其他算法。如果不考虑集成学习的算法和特定的训练数据集，SVM在分类算法中的表现是数一数二的。

SVM提出之初，其被用来解决二分类问题。二分类问题可以推广到多类的情况下。假设数据类标签为{-1，+1}，与所有线性模型一样，支持向量机使用分类超平面作为两个类之间的决策边界。在SVM算法中，利用边界的概念建立了分类超平面的优化问题[1]。

分离两个类，并且在边界的每个边上存在一个大区域（或边距），其中没有训练数据点。为了理解这个概念，首先讨论数据线性可分离的非常特殊的情况。在线性可分离的数据中，有可能构造一个最优线性超平面，如图6-1所示，超平面可以准确地分离两个类的数据点。当然，图6-1中所示的仅是一种理想情况，因为实际数据很少是完全可分离的，而且至少有一些数据点如错误标记的数据点或异常值可能会违反线性可分离性。然而，线性可分公式对于理解最大余量的重要原理是至关重要的。在讨论线性可分离的情况之后，我们会对更一般的（和现实的）方案进行讨论。

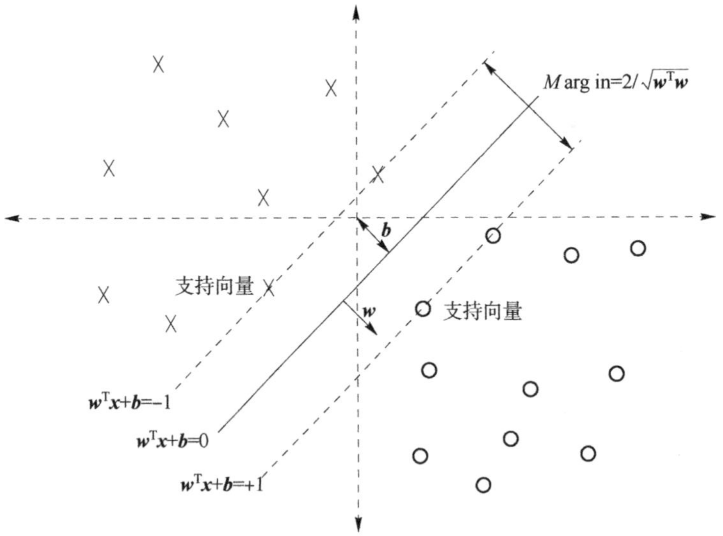

图6-1　最优线性超平面展示图

设训练样本输入为 $x_i(i = 1,2,\cdots,n)$，对应的期望输出为 $y_i \in \{-1, +1\}$，其中 +1，-1

分别代表两类的类别标识。使用 SVM 的目的是通过结构风险最小化原则构建一个目标函数，从而将两类样本尽可能正确地区分开[2]。通常，可将其分为线性可分、线性不可分两类情况。

6.1　线性可分的 SVM 方法

如图 6－1 所示，设分类超平面为 $\boldsymbol{w}^{\mathrm{T}}\boldsymbol{x}+\boldsymbol{b}=0$，图中超平面不仅能把所有样本分开，还能与样本之间保持一定的函数距离（图中函数距离为 1）。通过证明，只有一个符合要求的超平面。与分类超平面存在 $1/\|\boldsymbol{w}\|_2$ 函数距离的两个平行的超平面对应的向量，将其定义为支持向量，如图 6－1 中虚线所示。

SVM 分类模型需要让全部样本点与超平面的距离均大于可接受的距离，也就是说所有的样本点都应当落在支持向量的两边，即

$$\begin{cases}\max\ \gamma=\dfrac{y(\boldsymbol{w}^{\mathrm{T}}\boldsymbol{x}+\boldsymbol{b})}{\|\boldsymbol{w}\|_2}\\ \text{s. t.}\quad y_i(\boldsymbol{w}^{\mathrm{T}}x_i+\boldsymbol{b})=\gamma'^{(i)}\geqslant\gamma',i=1,2,\cdots,m\end{cases}\tag{6.1}$$

一般取函数间隔 $\gamma'=1$，这样可以将优化函数定义为

$$\begin{cases}\max\ \dfrac{1}{\|\boldsymbol{w}\|_2}\\ \text{s. t.}\quad y_i(\boldsymbol{w}^{\mathrm{T}}x_i+\boldsymbol{b})\geqslant 1,i=1,2,\cdots,m\end{cases}\tag{6.2}$$

也就是说，要在约束条件 $y_i(\boldsymbol{w}^{\mathrm{T}}x_i+\boldsymbol{b})\geqslant 1(i=1,2,\cdots,m)$ 下，最大化 $1/\|\boldsymbol{w}\|_2$。由此可得，SVM 的优化方法是不同于感知机的。感知机通过固定分母优化分子达到优化目的，而 SVM 是固定分子优化分母达到优化目的，并且有支持向量的限制[3]。

由于最大化 $1/\|\boldsymbol{w}\|_2$ 相当于最小化 $\dfrac{1}{2}\|\boldsymbol{w}\|_2^2$，因此 SVM 的优化函数等价于

$$\begin{cases}\min\ \dfrac{1}{2}\|\boldsymbol{w}\|_2^2\\ \text{s. t.}\quad y_i(\boldsymbol{w}^{\mathrm{T}}x_i+\boldsymbol{b})\geqslant 1,i=1,2,\cdots,m\end{cases}\tag{6.3}$$

由于 $\dfrac{1}{2}\|\boldsymbol{w}\|_2^2$ 是凸函数，而且约束条件不等式是仿射的。根据凸优化理论，可以通过拉格朗日函数将优化目标转化为无约束的优化函数。因此，优化函数可以转化为

$$L(\boldsymbol{w},\boldsymbol{b},\boldsymbol{\alpha})=\frac{1}{2}\|\boldsymbol{w}\|_2^2-\sum_{i=1}^{m}\alpha_i[y_i(\boldsymbol{w}^{\mathrm{T}}x_i+\boldsymbol{b})-1]\tag{6.4}$$

引入了拉格朗日乘子，优化目标变为

$$\min_{\boldsymbol{w},\boldsymbol{b}}\ \max_{\alpha_i\geqslant 0}L(\boldsymbol{w},\boldsymbol{b},\boldsymbol{\alpha})\tag{6.5}$$

上述优化函数满足卡罗斯－库恩－塔克（Karush－Kuhn－Tucker，KKT）条件，也就是说能够通过拉格朗日对偶将该优化问题等价地转化成对偶问题来解决。

也就是说，目前需要优化的为

$$\max_{\alpha_i\geqslant 0}\min_{\boldsymbol{w},\boldsymbol{b}}L(\boldsymbol{w},\boldsymbol{b},\boldsymbol{\alpha})\tag{6.6}$$

在式（6.6）的优化函数中，先对于 $\boldsymbol{w}$ 和 $\boldsymbol{b}$ 求极小值，再对拉格朗日乘子 $\boldsymbol{\alpha}$ 求极大值。

首先，求 $L(\boldsymbol{w},\boldsymbol{b},\boldsymbol{\alpha})$ 基于 $\boldsymbol{w}$ 和 $\boldsymbol{b}$ 的极小值。这个极值能够通过对 $\boldsymbol{w}$ 和 $\boldsymbol{b}$ 分别求偏导数得到：

$$\frac{\partial L}{\partial \boldsymbol{w}} = 0 \Rightarrow \boldsymbol{w} = \sum_{i=1}^{m} \alpha_i y_i x_i$$

$$\frac{\partial L}{\partial \boldsymbol{b}} = 0 \Rightarrow \sum_{i=1}^{m} \alpha_i y_i = 0$$

从上式中能够得到 $\boldsymbol{w}$ 和 $\boldsymbol{\alpha}$ 的关系，紧接着如果可以求得优化函数极大化对应的 $\boldsymbol{\alpha}$，就能求出 $\boldsymbol{w}$。对于 $\boldsymbol{b}$，因为式中已经没有 $\boldsymbol{b}$，因此最终的 $\boldsymbol{b}$ 能够取多个值。既然已经求出 $\boldsymbol{w}$ 和 $\boldsymbol{\alpha}$ 的关系，就可以代入优化函数 $L(\boldsymbol{w},\boldsymbol{b},\boldsymbol{\alpha})$ 消去 $\boldsymbol{w}$，定义

$$\psi(\boldsymbol{\alpha}) = \min_{\boldsymbol{w},\boldsymbol{b}} L(\boldsymbol{w},\boldsymbol{b},\boldsymbol{\alpha}) \tag{6.7}$$

下面介绍将 $\boldsymbol{w}$ 替换为 $\boldsymbol{\alpha}$ 的表达式以后的优化函数 $\psi(\boldsymbol{\alpha})$ 的表达式：

$$\begin{aligned}
\psi(\boldsymbol{\alpha}) &= \frac{1}{2}\|\boldsymbol{w}\|_2^2 - \sum_{i=1}^{m}\alpha_i[y_i(\boldsymbol{w}^{\mathrm{T}}x_i + \boldsymbol{b}) - 1] \\
&= \frac{1}{2}\boldsymbol{w}^{\mathrm{T}}\boldsymbol{w} - \sum_{i=1}^{m}\alpha_i y_i \boldsymbol{w}^{\mathrm{T}}x_i - \sum_{i=1}^{m}\alpha_i y_i \boldsymbol{b} + \sum_{i=1}^{m}\alpha_i \\
&= \frac{1}{2}\boldsymbol{w}^{\mathrm{T}}\sum_{i=1}^{m}\alpha_i y_i x_i - \boldsymbol{w}^{\mathrm{T}}\sum_{i=1}^{m}\alpha_i y_i x_i - \sum_{i=1}^{m}\alpha_i y_i \boldsymbol{b} + \sum_{i=1}^{m}\alpha_i \\
&= -\frac{1}{2}\boldsymbol{w}^{\mathrm{T}}\sum_{i=1}^{m}\alpha_i y_i x_i - \boldsymbol{b}\sum_{i=1}^{m}\alpha_i y_i + \sum_{i=1}^{m}\alpha_i \\
&= -\frac{1}{2}\Big(\sum_{i=1}^{m}\alpha_i y_i x_i\Big)^{\mathrm{T}}\Big(\sum_{i=1}^{m}\alpha_i y_i x_i\Big) - \boldsymbol{b}\sum_{i=1}^{m}\alpha_i y_i + \sum_{i=1}^{m}\alpha_i \\
&= -\frac{1}{2}\sum_{i=1}^{m}\alpha_i y_i x_i^{\mathrm{T}}\sum_{i=1}^{m}\alpha_i y_i x_i - \boldsymbol{b}\sum_{i=1}^{m}\alpha_i y_i + \sum_{i=1}^{m}\alpha_i \\
&= -\frac{1}{2}\sum_{i=1}^{m}\alpha_i y_i x_i^{\mathrm{T}}\sum_{i=1}^{m}\alpha_i y_i x_i + \sum_{i=1}^{m}\alpha_i \\
&= -\frac{1}{2}\sum_{i=1,j=1}^{m}\alpha_i y_i x_i^{\mathrm{T}}\alpha_j y_j x_j + \sum_{i=1}^{m}\alpha_i \\
&= \sum_{i=1}^{m}\alpha_i - \frac{1}{2}\sum_{i=1,j=1}^{m}\alpha_i\alpha_j y_i y_j x_i^{\mathrm{T}}x_j
\end{aligned}$$

从上述推导过程中能够得到，对 $\boldsymbol{w}$、$\boldsymbol{b}$ 极小化之后，我们的优化函数 $\psi(\boldsymbol{\alpha})$ 只有 $\boldsymbol{\alpha}$ 向量作为参数。若可以极大化 $\psi(\boldsymbol{\alpha})$，就能够求出此时所对应的 $\boldsymbol{\alpha}$，从而得到 $\boldsymbol{w}$ 和 $\boldsymbol{b}$。

对 $\psi(\boldsymbol{\alpha})$ 求极大化的表达式：

$$\begin{cases}
\max\limits_{\boldsymbol{\alpha}} -\frac{1}{2}\sum_{i=1}^{m}\sum_{j=1}^{m}\alpha_i\alpha_j y_i y_j (x_i \cdot x_j) + \sum_{i=1}^{m}\alpha_i \\
\text{s.t.} \quad \sum_{i=1}^{m}\alpha_i y_i = 0, \alpha_i \geqslant 0, i = 1,2,\cdots,m
\end{cases} \tag{6.8}$$

可以去掉式（6.8）中的负号，即为等价的极小化问题如下：

$$\begin{cases} \min\limits_{\boldsymbol{\alpha}} \dfrac{1}{2}\sum\limits_{i=1}^{m}\sum\limits_{j=1}^{m}\alpha_i\alpha_j y_i y_j(x_i \cdot x_j) - \sum\limits_{i=1}^{m}\alpha_i \\ \text{s. t.} \quad \sum\limits_{i=1}^{m}\alpha_i y_i = 0, \alpha_i \geqslant 0, i = 1,2,\cdots,m \end{cases} \tag{6.9}$$

只要可以求出式（6.9）极小化时对应的向量 $\boldsymbol{\alpha}$ 就可以求出 $\boldsymbol{w}$ 和 $\boldsymbol{b}$ 了。具体怎么极小化上式得到对应的 $\boldsymbol{\alpha}$，一般需要用到序列最小优化（Sequential Minimal Optimization，SMO）算法。这里，假设通过 SMO 算法得到了对应的 $\boldsymbol{\alpha}$ 的值 $\boldsymbol{\alpha}^*$。

那么，根据 $\boldsymbol{w} = \sum\limits_{i=1}^{m}\alpha_i y_i x_i$，可以求出对应的 $\boldsymbol{w}$ 的值：

$$\boldsymbol{w}^* = \sum_{i=1}^{m}\alpha_i^* y_i x_i \tag{6.10}$$

求 $\boldsymbol{b}$ 则稍微麻烦一点。

注意到，对于任意支持向量 (x_s, y_s)，有

$$y_s(\boldsymbol{w}^{\mathrm{T}}x_s + \boldsymbol{b}) = y_s\left(\sum_{i=1}^{m}\alpha_i y_i x_i^{\mathrm{T}}x_s + \boldsymbol{b}\right) = 1 \tag{6.11}$$

假设有 S 个支持向量，则对应求出 S 个 $\boldsymbol{b}^*$，理论上这些 $\boldsymbol{b}^*$ 都可以作为最终的结果。但是我们一般采用一种更健壮的办法，即首先求出所有支持向量所对应的 $\boldsymbol{b}_s^*$；然后将其平均值作为最后的结果。注意到对于严格线性可分的 SVM，$\boldsymbol{b}$ 的值是有唯一解的，也就是这里求出的所有 $\boldsymbol{b}^*$ 都是一样的。

如何得到支持向量呢？根据 *KKT* 条件中的对偶互补条件 $\alpha_i^*(y_i(\boldsymbol{w}^{\mathrm{T}}x_i + \boldsymbol{b}) - 1) = 0$，如果 $\alpha_i > 0$，则有 $y_i(\boldsymbol{w}^{\mathrm{T}}x_i + \boldsymbol{b}) = 1$，即点为支持向量；否则如果 $\alpha_i = 0$，则有 $y_i(\boldsymbol{w}^{\mathrm{T}}x_i + \boldsymbol{b}) \geqslant 1$，即样本在支持向量上或者已经被正确分类。

在此，对线性可分 *SVM* 的整个算法流程进行总结。

算法 6.1　线性可分的 SVM 算法

输入：线性可分的 m 个样本 $\{(x_1, y_1), (x_2, y_2), \cdots, (x_m, y_m)\}$，其中 $\boldsymbol{x}$ 为 n 维特征向量。$\boldsymbol{y}$ 为二元输出，取值 1 或 -1；

输出：SVM 分离超平面的参数 $\boldsymbol{w}^*, \boldsymbol{b}^*$ 分类决策函数。

算法流程如下：

（1）构造约束优化问题：

$$\begin{cases} \min\limits_{\boldsymbol{\alpha}} \dfrac{1}{2}\sum\limits_{i=1}^{m}\sum\limits_{j=1}^{m}\alpha_i\alpha_j y_i y_j(x_i \cdot x_j) - \sum\limits_{i=1}^{m}\alpha_i \\ \text{s. t.} \quad \sum\limits_{i=1}^{m}\alpha_i y_i = 0, \alpha_i \geqslant 0, i = 1,2,\cdots,m \end{cases}$$

（2）用 SMO 算法求出上式最小时对应的 $\boldsymbol{\alpha}$ 的值，即 $\boldsymbol{\alpha}^*$ 向量；

（3）计算 $\boldsymbol{w}^* = \sum\limits_{i=1}^{m}\alpha_i^* y_i x_i$。

（4）找出所有的 S 个支持向量，即满足 $x_s > 0$ 对应的样本 (x_s, y_s)，通过 $y_s\left(\sum\limits_{i=1}^{m}\alpha_i y_i x_i^{\mathrm{T}}x_s + \boldsymbol{b}\right) = 1$，

计算出每个支持向量 (x_s, y_s) 对应的 b_s^*，计算出这些 $b_s^* = y_s - \sum_{i=1}^{m} \alpha_i y_i x_i^{\mathrm{T}} x_s$。所有的 b_s^* 对应的平均值即最终的 $b^* = 1/S \sum_{s=1}^{s} b_s^*$。

最终得到分类超平面是 $\boldsymbol{w}^* \cdot \boldsymbol{x} + \boldsymbol{b}^* = 0$，而最终得到的分类决策函数是 $f(x) = \mathrm{sign}(\boldsymbol{w}^* \cdot \boldsymbol{x} + \boldsymbol{b}^*)$ [4]。

线性可分 SVM 的学习方法对于非线性的数据集是无法使用的，线性数据集中出现一部分异常点导致线性不可分，那么应当怎样处理异常点使原本的数据集能够使用线性可分的算法呢？将在 6.4 节的线性 SVM 的软间隔最大化中继续探讨。

6.2 线性不可分的 SVM 方法

在 6.1 节介绍的线性可分的 SVM 中，针对线性可分的 SVM 模型和损失函数优化进行了总结，介绍了线性数据集中出现一部分异常点导致线性不可分，本节针对线性可分 SVM 怎样解决这类异常点的算法原理进行总结。

一种情况是原数据是线性可分的，也就是用线性分类 SVM 模型能进行求解，却由于存在异常点，致使线性不可分。如图 6－2 所示，原数据是可以按下面的实线做超平面分离的，可是由于一个橙色和一个蓝色的异常点导致我们无法按照 6.1 节线性 SVM 中的方法进行分类。

另外一种情况并不是不可分，但是会严重影响模型的泛化预测效果。如图 6－3 所示，如果不考虑异常点，SVM 的超平面应该是图 6－3 中的红色线所示；但是，由于有一个蓝色的异常点，导致学习到的超平面是图中 6－3 的粗虚线所示，这样会严重影响分类模型的预测效果。

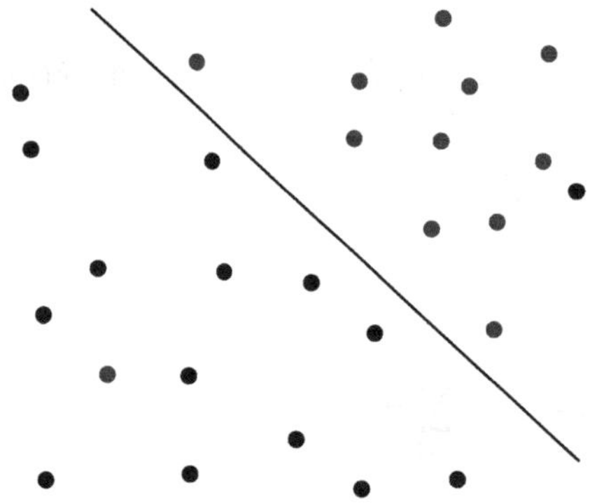

图 6－2　异常点影响超平面的选择（见彩插）

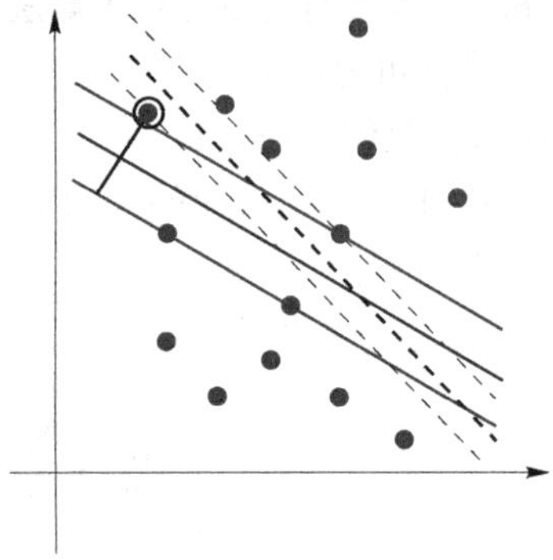

图 6－3　异常点影响模型预测效果（见彩插）

如何解决这些问题呢？SVM 引入了软间隔最大化的方法解决。所谓的软间隔是相对于硬间隔说的，可以认为 6.1 节线性可分的 SVM 的学习方法属于硬间隔最大化，其条件为 $\min 1/\|\boldsymbol{w}\|_2^2$, s. t　$y_i(\boldsymbol{w}^{\mathrm{T}} x_i + \boldsymbol{b}) \geqslant 1 (i = 1, 2, \cdots, m)$。接下来介绍怎样实现软间隔最大化？

SVM 对训练集中的样本 (x_i, y_i) 引入松弛变量 ξ_i $(\xi_i \geqslant 0)$，函数间隔≥1 减去松弛变量，即

$$y_i(\boldsymbol{w}x_i+\boldsymbol{b}) \geqslant 1-\xi_i \tag{6.12}$$

与硬间隔最大化相比，能够得知从样本到超平面的函数距离的要求没有那么高，硬间隔最大化要求必须不小于1，而现在只需要加上一个不小于0的松弛变量ξ_i之后不小于1就可以了。当然，松弛变量是有成本的，每个x_i都对应代价ξ_i，最终得到软间隔最大化SVM的学习条件：

$$\begin{cases}\min \dfrac{1}{2}\|\boldsymbol{w}\|_2^2+C\sum\limits_{i=1}^{m}\xi_i \\ \text{s. t.}\quad y_i(\boldsymbol{w}^{\mathrm{T}}x_i+\boldsymbol{b}) \geqslant 1-\xi_i, i=1,2,\cdots,m \\ \xi_i \geqslant 0, i=1,2,\cdots,m\end{cases} \tag{6.13}$$

式中：$C>0$为惩罚参数，即一般回归和分类问题正则化时的参数。其中，C值越大，对误分类的惩罚越大；C值越小，对误分类的惩罚越小。也就是说，我们希望$\dfrac{1}{2}\|\boldsymbol{w}\|_2^2$尽量小，误分类的点尽可能少。$C$是协调两者关系的正则化惩罚系数。在实际应用中，需要调参来选择。这个目标函数的优化和6.1节的线性可分的SVM优化方式类似，下面介绍怎么对线性可分类的SVM软间隔最大化来进行学习优化。

与线性可分的SVM优化方式类似，首先将软间隔最大化的约束问题用拉格朗日函数转化为无约束问题：

$$L(\boldsymbol{w},\boldsymbol{b},\boldsymbol{\xi},\boldsymbol{\alpha},\boldsymbol{\mu})=\frac{1}{2}\|\boldsymbol{w}\|_2^2+C\sum_{i=1}^{m}\xi_i-\sum_{i=1}^{m}\alpha_i[y_i(\boldsymbol{w}^{\mathrm{T}}x_i+\boldsymbol{b})-1+\xi_i]-\sum_{i=1}^{m}\mu_i\xi_i \tag{6.14}$$

式中：$\mu_i \geqslant 0, \alpha_i \geqslant 0$均为拉格朗日系数[5]。

也就是说，我们现在要优化的目标函数为

$$\min_{\boldsymbol{w},\boldsymbol{b},\boldsymbol{\xi}}\ \max_{\alpha_i\geqslant 0,\mu_i\geqslant 0} L(\boldsymbol{w},\boldsymbol{b},\boldsymbol{\alpha},\boldsymbol{\xi},\boldsymbol{\mu}) \tag{6.15}$$

若上述目标函数满足KKT条件，即可以通过拉格朗日对偶将优化问题转化为等价的对偶问题求解：

$$\max_{\alpha_i\geqslant 0,\mu_i\geqslant 0}\ \min_{\boldsymbol{w},\boldsymbol{b},\boldsymbol{\xi}} L(\boldsymbol{w},\boldsymbol{b},\boldsymbol{\alpha},\boldsymbol{\xi},\boldsymbol{\mu}) \tag{6.16}$$

即先求目标函数对于$\boldsymbol{w},\boldsymbol{b},\boldsymbol{\xi}$的极小值，再求函数对于$\boldsymbol{\alpha}$和$\boldsymbol{\mu}$的极大值。

首先来求优化函数对于$\boldsymbol{w},\boldsymbol{b},\boldsymbol{\xi}$的极小值，可以通过求偏导数得到：

$$\frac{\partial L}{\partial \boldsymbol{w}}=0 \Rightarrow \boldsymbol{w}=\sum_{i=1}^{m}\alpha_i y_i x_i$$

$$\frac{\partial L}{\partial b}=0 \Rightarrow \sum_{i=1}^{m}\alpha_i y_i=0$$

$$\frac{\partial L}{\partial \boldsymbol{\xi}}=0 \Rightarrow C-\alpha_i-\mu_i=0$$

可以利用上面的三个公式消除$\boldsymbol{w}$和$\boldsymbol{b}$：

$$L(\boldsymbol{w},\boldsymbol{b},\boldsymbol{\xi},\boldsymbol{\alpha},\boldsymbol{\mu})=\frac{1}{2}\|\boldsymbol{w}\|_2^2+C\sum_{i=1}^{m}\xi_i-\sum_{i=1}^{m}\alpha_i[y_i(\boldsymbol{w}^{\mathrm{T}}x_i+\boldsymbol{b})-1+\xi_i]-\sum_{i=1}^{m}\mu_i\xi_i$$

$$
\begin{aligned}
&= \frac{1}{2}\|\boldsymbol{w}\|_2^2 - \sum_{i=1}^{m}\alpha_i[y_i(\boldsymbol{w}^{\mathrm{T}}x_i + \boldsymbol{b}) - 1 + \xi_i] + \sum_{i=1}^{m}\alpha_i\xi_i \\
&= \frac{1}{2}\|\boldsymbol{w}\|_2^2 - \sum_{i=1}^{m}\alpha_i[y_i(\boldsymbol{w}^{\mathrm{T}}x_i + \boldsymbol{b}) - 1] \\
&= \frac{1}{2}\boldsymbol{w}^{\mathrm{T}}\boldsymbol{w} - \sum_{i=1}^{m}\alpha_i y_i \boldsymbol{w}^{\mathrm{T}}x_i - \sum_{i=1}^{m}\alpha_i y_i \boldsymbol{b} + \sum_{i=1}^{m}\alpha_i \\
&= \frac{1}{2}\boldsymbol{w}^{\mathrm{T}}\sum_{i=1}^{m}\alpha_i y_i x_i - \sum_{i=1}^{m}\alpha_i y_i \boldsymbol{w}^{\mathrm{T}}x_i - \sum_{i=1}^{m}\alpha_i y_i \boldsymbol{b} + \sum_{i=1}^{m}\alpha_i \\
&= \frac{1}{2}\boldsymbol{w}^{\mathrm{T}}\sum_{i=1}^{m}\alpha_i y_i x_i - \boldsymbol{w}^{\mathrm{T}}\sum_{i=1}^{m}\alpha_i y_i x_i - \sum_{i=1}^{m}\alpha_i y_i \boldsymbol{b} + \sum_{i=1}^{m}\alpha_i \\
&= -\frac{1}{2}\boldsymbol{w}^{\mathrm{T}}\sum_{i=1}^{m}\alpha_i y_i x_i - \sum_{i=1}^{m}\alpha_i y_i \boldsymbol{b} + \sum_{i=1}^{m}\alpha_i \\
&= -\frac{1}{2}\boldsymbol{w}^{\mathrm{T}}\sum_{i=1}^{m}\alpha_i y_i x_i - \boldsymbol{b}\sum_{i=1}^{m}\alpha_i y_i + \sum_{i=1}^{m}\alpha_i \\
&= -\frac{1}{2}\left(\sum_{i=1}^{m}\alpha_i y_i x_i\right)^{\mathrm{T}}\left(\sum_{i=1}^{m}\alpha_i y_i x_i\right) - b\sum_{i=1}^{m}\alpha_i y_i + \sum_{i=1}^{m}\alpha_i \\
&= -\frac{1}{2}\sum_{i=1}^{m}\alpha_i y_i x_i^{\mathrm{T}}\sum_{i=1}^{m}\alpha_i y_i x_i - b\sum_{i=1}^{m}\alpha_i y_i + \sum_{i=1}^{m}\alpha_i \\
&= -\frac{1}{2}\sum_{i=1}^{m}\alpha_i y_i x_i^{\mathrm{T}}\sum_{i=1}^{m}\alpha_i y_i x_i + \sum_{i=1}^{m}\alpha_i \\
&= -\frac{1}{2}\sum_{i=1,j=1}^{m}\alpha_i y_i x_i^{\mathrm{T}}\alpha_j y_j x_j + \sum_{i=1}^{m}\alpha_i \\
&= \sum_{i=1}^{m}\alpha_i - \frac{1}{2}\sum_{i=1,j=1}^{m}\alpha_i\alpha_j y_i y_j x_i^{\mathrm{T}}x_j
\end{aligned}
$$

仔细观察可以发现，上式与 6.2 节线性可分的 SVM 一样，唯一不一样的是约束条件。下面给出优化目标的数学形式：

$$
\begin{cases}
\max\limits_{\boldsymbol{\alpha}} \sum\limits_{i=1}^{m}\alpha_i - \dfrac{1}{2}\sum\limits_{i=1,j=1}^{m}\alpha_i\alpha_j y_i y_j x_i^{\mathrm{T}}x_j \\
\text{s.t.} \quad \sum\limits_{i=1}^{m}\alpha_i y_i = 0 \\
C - \alpha_i - \mu_i = 0, \alpha_i \geqslant 0, i = 1,2,\cdots,m, \mu_i \geqslant 0, i = 1,2,\cdots,m
\end{cases}
\tag{6.17}
$$

对于 $C-\alpha_i-\mu_i=0, \alpha_i \geqslant 0$ 和 $\mu_i \geqslant 0$ 这三个公式可以消去，同时将优化目标函数变号，求极小值，即

$$
\begin{cases}
\min\limits_{\boldsymbol{\alpha}} \dfrac{1}{2}\sum\limits_{i=1,j=1}^{m}\alpha_i\alpha_j y_i y_j x_i^{\mathrm{T}}x_j - \sum\limits_{i=1}^{m}\alpha_i \\
\text{s.t.} \quad \sum\limits_{i=1}^{m}\alpha_i y_i = 0, 0 \leqslant \alpha_i \leqslant C
\end{cases}
\tag{6.18}
$$

这就是软间隔最大化时线性可分的 SVM 优化目标形式，与 6.2 节的硬间隔最大化线性

可分的 SVM 相比，仅仅是多了一个约束条件 $0 \leqslant \alpha_i \leqslant C$。我们同样可以通过 SMO 算法求得式（6.18）极小化时对应的向量 $\boldsymbol{\alpha}$ 以求出 $\boldsymbol{w}$ 和 $\boldsymbol{b}$。

下面对软间隔最大化时线性可分 SVM 的算法过程做一个总结。

算法 6.2　软间隔最大化线性可分的 SVM 算法

输入：线性可分的 m 个样本 $\{(x_1,y_1),(x_2,y_2),\cdots,(x_m,y_m)\}$，其中，$\boldsymbol{x}$ 为 n 维特征向量，$\boldsymbol{y}$ 为二元输出，值为 1，－1；

输出：分离超平面的参数 $\boldsymbol{w}^*, \boldsymbol{b}^*$ 以及分类决策函数。

算法过程如下：

（1）选择一个惩罚系数 $C>0$，构造约束优化问题：

$$\begin{cases} \min\limits_{\boldsymbol{\alpha}} \dfrac{1}{2} \sum\limits_{i=1,j=1}^{m} \alpha_i \alpha_j y_i y_j x_i^{\mathrm{T}} x_j - \sum\limits_{i=1}^{m} \alpha_i \\ \text{s. t.} \quad \sum\limits_{i=1}^{m} \alpha_i y_i = 0, 0 \leqslant \alpha_i \leqslant C \end{cases}$$

（2）用 SMO 算法求出上式最小时对应的向量 $\boldsymbol{\alpha}$ 的值向量 $\boldsymbol{\alpha}^*$。

（3）计算 $\boldsymbol{w}^* = \sum\limits_{i=1}^{m} \alpha_i^* y_i x_i$。

（4）找出所有的 S 个支持向量对应的样本 (x_s, y_s)，通过 $y_s\left(\sum\limits_{i=1}^{m} \alpha_i y_i x_i^{\mathrm{T}} x_s + b\right) = 1$，计算出每个支持向量 (x_s, y_s) 对应的 b_s^*，计算 $b_s^* = y_s - \sum\limits_{i=1}^{m} \alpha_i y_i x_i^{\mathrm{T}} x_s$。所有 b_s^* 对应的均值是最后所求的 $b^* = 1/S \sum\limits_{s=1}^{S} b_s^*$。可得，分类超平面 $\boldsymbol{w}^* \cdot \boldsymbol{x} + \boldsymbol{b}^* = 0$，分类决策函数 $f(\boldsymbol{x}) = \mathrm{sign}(\boldsymbol{w}^* \cdot \boldsymbol{x} + \boldsymbol{b}^*)$ [6]。

6.3　核函数

在 6.1 节和 6.2 节中介绍了线性可分支持向量机的硬间隔最大化和软间隔最大化，以及相关的算法。这些算法能够较好地解决线性可分的数据分类问题，但是对线性不可分的 SVM 数据无计可施。本节讨论 SVM 怎样处理线性不可分的 SVM 数据，主要介绍在 SVM 中处理线性不可分的 SVM 数据时，核函数发挥的重要作用。

低维线性不可分的 SVM 数据映射到高维后就变成线性可分的了。这个思想同样可以运用到线性不可分的 SVM 数据上。也就是说，对于线性不可分的 SVM 低维特征数据，可以将其映射到高维，变成线性可分的数据形式，此时就可以运用 6.2 节和 6.3 节的线性可分的 SVM 算法思想。

SVM 的类型和复杂程度受核函数的形式和参数影响，性能也由核函数控制。核函数的相关研究有很多，有的研究人员找到一种 SVM 自适应地选择模型参数的方法；有的研究人员根据待训练样本的先验知识，有目的地选择分类器的类型和参数或者直接构造新的分类器，并在训练过程中逐步优化这个过程[7]。

事实上，对核函数的研究要比 SVM 的出现早得多，当然，将它引入 SVM 中是最近 20

年的事情。对于从低维到高维的映射，核函数不止一个，那么什么样的函数才可以当作核函数呢？这是一个有些复杂的数学问题，这里不多介绍。由于一般所说的核函数都是正定核函数，这里只说明正定核函数的充分必要条件。正定核函数满足的必要条件是函数中任何点的集合所构成的 Gram 矩阵都是半正定的。即对于任意的 $x_i \in \chi(i=1,2,\cdots,m)$，$\boldsymbol{K}(x_i,x_j)$ 对应的 Gram 矩阵 $\boldsymbol{K}=[\boldsymbol{K}(x_i,x_j)]$ 是半正定矩阵，则 $\boldsymbol{K}(x,z)$ 是正定核函数[8]。

从上面的定理可以看出，正定核函数要求任意的集合都满足 Gram 矩阵半正定，因为不同的内积核函数形成不同的算法，所以自己去找一个核函数还是很难的。常用的有线性核函数、多项式核函数、径向基核函数、Sigmoid 核函数。

下面介绍四种常见的核函数。

（1）线性核函数。线性核函数，其表达式为

$$\boldsymbol{K}(x,z)=x\cdot z$$

线性可分的 SVM 与线性不可分的 SVM 的不同在于线性可分的 SVM 用线性核函数[9]。

（2）径向基核函数。径向基核函数（Radial Basis Function，RBF），也称为高斯核函数，用于线性不可分的 SVM 模型中，也是最主流的核函数之一，其表达式为

$$\boldsymbol{K}(x,z)=\exp(-\gamma\|x-z\|^2)$$

式中：$\gamma>0$，需经过调参具体定义。

（3）多项式核函数。多项式核函数，同样用于线性不可分的 SVM 模型中，是常用核函数之一。由于参数较多，与 RBF 相比，调参过程较为复杂，其表达式为

$$\boldsymbol{K}(x,z)=(\gamma x\cdot z+r)^d$$

式中：γ,r,d 需要经过调参具体定义。

（4）Sigmoid 核函数。Sigmoid 核函数，用于线性不可分的 SVM 模型中，也是常用核函数之一。其表达式为

$$\boldsymbol{K}(x,z)=\tanh(\gamma x\cdot z+r)$$

式中：γ,r 需要经过调参具体定义。

6.4 SVM 在睡眠分期中的应用

SVM 算法对机器学习的发展和应用产生了广泛的影响。SVM 将数据点视为高维空间中的向量，并尝试估计出分离各类数据的最优超平面。该特性将 SVM 描述为二元线性分类器，可以通过采用核方法解决非线性问题。核函数的方法将训练集的数据点映射到超平面，以便在数据的类之间提供更好的分离。由于其优良的特性，在睡眠分期领域有很好的分类性能[10]。

因为睡眠中存在多个睡眠阶段，所以要构建 SVM 多分类模型。在 Python 环境下搭建模型，使用 Sklearn 库中的直接法和间接法来生成 SVM 模型，并且 Sklearn 中提供四种核函数供用户调参建模。在构建模型过程中，Sklearn 提供的常用方法是“一对多”组合分类方法和“一对一”（one vs rest，ove）组合分类方法。“一对一”组合分类方法运算速度快，时间复杂度（$k(k-1)/2$）低，在睡眠分期问题上展现出优势，因此本节采用“一对一”的方法搭建 SVM 多分类模型。

1. 脑电信号睡眠分期的 SVM 多分类模型实现过程

（1）核函数选择：SVM 分类器的关键要素便是核函数的选择。在本章中，我们对多项

式核函数、Sigmoid 核函数、径向基核函数进行了实验，最终选用径向基核函数来实现低维到高维空间的映射。对于多项式核函数，主要的困难是确定一组合适的多项式参数。我们选取多组 RBF 参数不断仿真实验，选择最佳参数的 SVM 模型。

（2）训练：利用惩罚因子 C 、核参数 σ 等优化参数，将训练集样本及类别标签进行“网格参数寻优”，最终得到学习效果最好的一组最优参数，生成睡眠分期模型。

（3）测试：将测试集样本代入训练过程中生成的分类模型进行睡眠分期，根据分期结果判断模型的分类性能。

2. 具体代码（代码详解见注释）

实现代码如下：

```
import numpy as np
import matplotlib.pyplot as plt
from sklearn.model_selection import train_test_split
from sklearn.svm import SVC
from sklearn import preprocessing
from sklearn.metrics import jaccard_similarity_score
from sklearn.metrics import confusion_matrix
from sklearn.model_selection import GridSearchCV
if __name__ == '__main__':
    # 载入特征和标签
    feature = read_excel('feature.xls')  # 读取特征数据(特征存放在 EXCEL 中)
    label = open("label.txt").read().split()    # 读取标签文件
    y = [int(i)for i in label]               # 转换为整数
    X = preprocessing.scale(feature)     # 标准化特征,缩小不同维度数据差异
    X_train, X_test, y_train, y_test = train_test_split(X, y, test_size =
    0.3, random_state =0)                    # 分成训练数据和测试数据
    model = SVC(decision_function_shape ='ovo', gamma = "scale")  # 一对一'ovo'
    # 主要调节的参数有:惩罚参数 C,核函数 Kernel,gamma 默认'auto'
    parameters = {'kernel': ('linear', 'rbf'), 'C': [1, 10]}
    clf = GridSearchCV(model, parameters, cv =5)
    clf.fit(X_train, y_train)                # 训练模型
    y_predict = clf.predict(X_test)      # 预测结果
    accuracy = jaccard_similarity_score(y_test, y_predict)  # 得到准确率
    print confusion_matrix(y_test,y_ predict,labels =[0,1,2,3,4])  # 输出
  混淆矩阵
    # 绘制对比图
    plt.subplot(211)
    plt.plot(y_test + 1)
    plt.xlim((0, len(y_test[0:500])))
    plt.ylim((0, 6))
    plt.yticks([1, 2, 3, 4, 5], ['W', 'N1', 'N2', 'N3', 'REM'], size =25)
    plt.xticks([], [])
    plt.title('(a)Manually scored hypnogram', size =25)
```

```
plt.subplot(212)
plt.plot(y_predict + 1)
plt.xlim((0, len(y_predict[0:500])))
plt.ylim((0, 6))
plt.yticks([1, 2, 3, 4, 5], ['W', 'N1', 'N2', 'N3', 'REM'], size =25)
plt.xlabel('Epoch number', size =25)
plt.title('(b)Auto scored hypnogram', size =25)
plt.show()
```

3. SVM 分期结果

本节使用了公开数据集 Sleep - EDF 进行实验，根据数据集内各个时期特征的不同，实现五分类过程。使用 SVM 算法对睡眠数据进行自动分期，并与人工标注的标签进行对比，如图 6 -4 所示。同时，表 6 -1 中列出了 SVM 分期结果与人工判读的具体结果对比，表中可得总体分期准确率可达 93.1%，由于 N1 期的数据量小，并且与 R 期、N2 期相似，所以最终导致准确率较低。其余各期的分类准确率都较高，具有良好的分类效果。

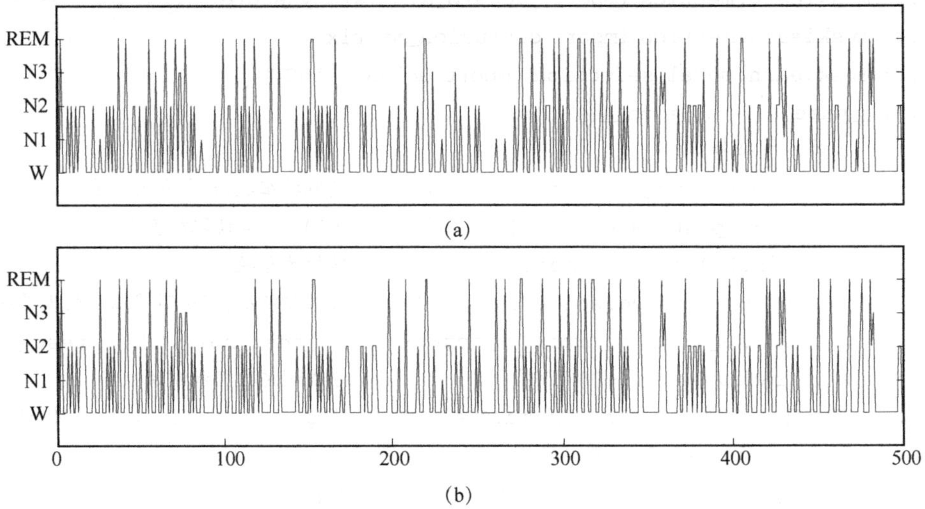

图 6 -4　人工判读与 SVM 自动睡眠分期对比

(a) Manually scored hypnogram; (b) Auto scored hypnogram

Epoch number

表 6 -1　SVM 分类和人工判读结果

SVM 分类	人工分期				
	W	N1	N2	N3	R
W	2296	4	2	0	3
N1	27	9	24	0	30
N2	10	0	581	13	17
N3	3	0	31	47	7
R	14	0	36	13	229

参考文献

[1] Agarwal R, Gotman J. Computer – assisted sleep staging [J]. IEEE Transactions on Biomedical Engineering, 2001, 48 (12): 1412 – 1423.

[2] Koley B, Dey D. An ensemble system for automatic sleep stage classification using single channel EEG signal [J]. Computers in Biology and Medicine, 2012, 42 (12): 1186 – 1195.

[3] Biswal S , Kulas J , Sun H , et al. SLEEPNET: automated sleep staging system via deep learning [J]. arXiv preprint arXiv: 1707. 08262, 2017.

[4] Huang G, Chu C H, Wu X. A Deep Learning – based Method for Sleep Stage Classification Using Physiological Signal [C]. Proceedings of International Conference on Smart Helth. Springer, Chom, 2018: 249 – 260.

[5] Hassan A R, Bashar S K, Bhuiyan M I H. On the Classification of Sleep States by Means of Statistical and Spectral Features from Single Channel Electroencephalogram [C] //Proceedings of International Conference on Advances in Computing. IEEE, 2015: 2238 – 2243.

[6] 郑红军, 周旭, 毕笃彦. 统计学习理论及支持向量机概述 [J]. 现代电子技术, 2003, 4: 64 – 66.

[7] 常继科, 赵建辉, 任新会, 等. 支持向量机综述 [J]. 光盘技术, 2007, 000 (002): 4 – 5.

[8] 丁世飞, 齐丙娟, 谭红艳. 支持向量机理论与算法研究综述 [J]. 电子科技大学学报, 2011, 040 (001): 1 – 10.

[9] 刘方园, 王水花, 张煜东. 支持向量机模型与应用综述 [J]. 计算机系统应用, 2018, 27 (4): 1 – 9.

[10] 刘雪峰. 基于脑电信号睡眠特征提取与分期方法的研究 [D]. 郑州大学, 2018.

第7章 神经网络算法

神经网络是一门重要的机器学习技术。它是目前最为热门的研究方向——深度学习的基础。学习神经网络不仅可以让你掌握一种强大的机器学习方法，同时也可以更好地帮助你理解深度学习技术。

7.1 概 述

7.1.1 人工神经网络发展历史

神经网络的发展历史曲折荡漾，既有高潮，也有低谷。从单层神经网络（感知器）开始，到包含一个隐藏层的两层神经网络，再到多层的深度神经网络，一共有三次兴起过程，如图7-1所示。

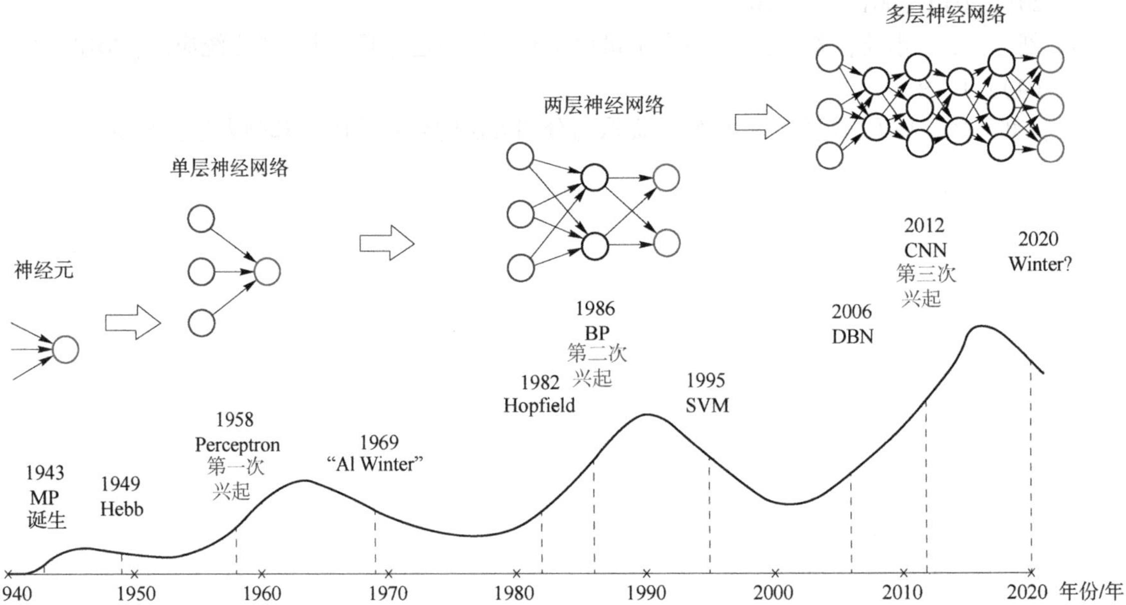

图7-1 三起三落的神经网络

最早的神经网络数学模型由 Warren McCulloch 教授和 Walter Pitts 教授于1943年提出。[1]论文中提出了一种模拟大脑神经元的结构——莫克罗-彼特氏神经模型，结构如图7-2所示。

直到现在我们也不完全清楚人类神经元处理信号的原理，所以莫克罗－彼特氏神经网络模型采用的是线性加权的方式模拟这个过程，其中 I 为输入，w 为权重，输入乘以权重然后相加，最后经过一个阈值函数后作为输出。所以，这个模型性能的好坏完全由分配的权重决定，另外莫克罗－彼特氏神经模型手动分配权重的方式既麻烦又很难达到最优分类效果。

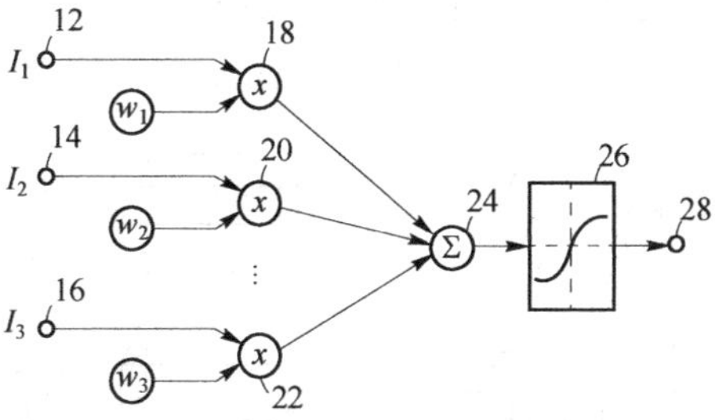

图 7－2　莫克罗－彼特氏神经网络模型

为了让计算机能够更加自动且更加合理地设置权重，Frank Rosenblatt 教授于 1958 年提出了感知机模型，或者叫感知器模型。感知机是使用特征向量来表示的前馈式人工神经网络，它是一种二元分类器，在人工神经网络领域中，感知机也被称为单层人工神经网络。1969 年，Marvin Minsky 和 Seymour Papert 在 "Perceptrons" 一书中，仔细分析了以感知机为代表的单层神经网络系统的功能及局限，证明感知机不能解决简单的异或等线性不可分问题[2]，Marvin Minsky 教授甚至得出了"基于感知机的研究注定失败"的结论。

由于 Rosenblatt 教授等没能够及时将感知机学习算法推广到多层神经网络上，以及 "Perceptrons" 在研究领域中的巨大影响，人们对书中论点的误解造成了人工神经领域发展的长年停滞及低潮，之后的十多年内，基于神经网络的研究几乎处于停滞状态。直到人们认识到多层感知机能够弥补单层感知机固有的缺陷，在 20 世纪 80 年代 BP 算法提出后，基于神经网络的研究才有所恢复。1987 年，书中的错误得到校正，并更名再版为 "Perceptrons － Expanded Edition"[3]。这是神经网络发展的第二个阶段。

20 世纪 80 年代末，神经网络的研究再次兴起，这源于分布式表达与反向传播算法的提出。分布式知识表达的核心思想是现实世界中的知识和概念应该通过多个神经元来表达。分布式表达大大加强了模型的表达能力，解决了类似异或这种线性不可分的问题。

除了分布式表达，David Everett Rumelhart 教授等于 1986 年在《自然》杂志上首次提出了著名的反向传播算法（BackPropagation，BP），此算法大幅降低了模型训练所需要的时间。直到今天，BP 算法仍然是训练神经网络的主要算法。同时，计算机的飞速发展也使得计算机有了更强的计算能力，这些因素使得神经网络在 20 世纪 80 年代末到 90 年代初又迎来了发展的高峰期。

在神经网络发展的同时，传统的机器学习算法也取得了突破性的进展，SVM 算法具有理论基础完整、样本量少等优点。同时由于 BP 算法针对深层网络存在梯度消失、数据量太小无法支撑深层网络训练等问题，刚刚兴起的神经网络被支持向量机所取代。

进入 21 世纪，计算机性能进一步提高，图形处理器（Graphics Processing Unit，GPU）加速技术出现，计算量不再是阻碍神经网络发展的问题。与此同时，随着互联网的发展，获取海量数据不再像 20 世纪末那么困难，这为神经网络再次发展提供了条件。值得一提的是 ImageNet 项目的建立，美国斯坦福大学的李飞飞教授开启了视觉基因组计划，把语义和图像结合起来，缔造了当前世界上最大的图像数据库——ImageNet。这个庞大的数据库由来自世界上 167 个国家的接近 5 万个工作者完成，ImageNet 的出现使所有人都能够轻松地获取足以支撑其深度网络训练的数据。同时，斯坦福大学每年都会举行一个比赛，邀请谷歌、微软、百度等 IT 企业使用 ImageNet 数据库，而第一个应用深度神经网络的算法 AlexNet，就是 ImageNet 竞赛 2012 年冠军，这个著名的网络结构如图 7－3 所示。

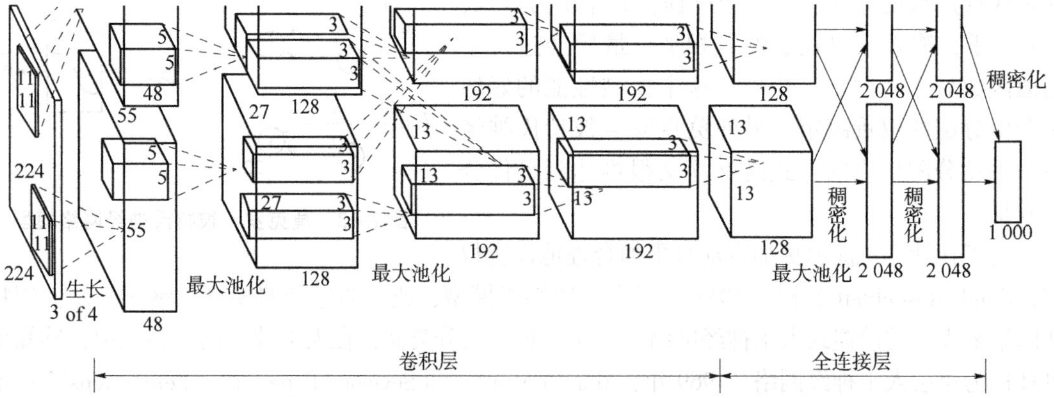

图 7－3　AlexNet 模型

AlexNet 取得的突破性进展使得神经网络的研究再一次达到高峰，随后其他关于深度神经网络（Deep Neural Networks，DNN）的更复杂的结构也陆续出现，并在除了计算机视觉外的诸多领域中取得了优异的成绩，如语音识别、自然语言处理等。2016 年，谷歌公司的 AlphaGo 战胜了李世石，深度学习作为深层神经网络的代名词，被各行各业的人所熟知。深度学习的发展也开启了一个人工智能的新时代。

最后需要指出的一点是，虽然深度学习领域的研究人员相比于其他机器学习领域更多地受到大脑工作原理的启发，但是现代深度学习的发展已经不完全是模拟人脑神经元的工作过程，或者说目前人类对大脑的工作机制的认知还不足以指导当下的深度学习模型[4]。

7.1.2　神经网络分类

神经网络其实是一个非常广泛的称谓，它包括两类：一类是用计算机的方式去模拟人的大脑，这就是我们常说的人工神经网络；另一类是研究生物学上的神经网络，又称为生物神经网络（图 7－4）。

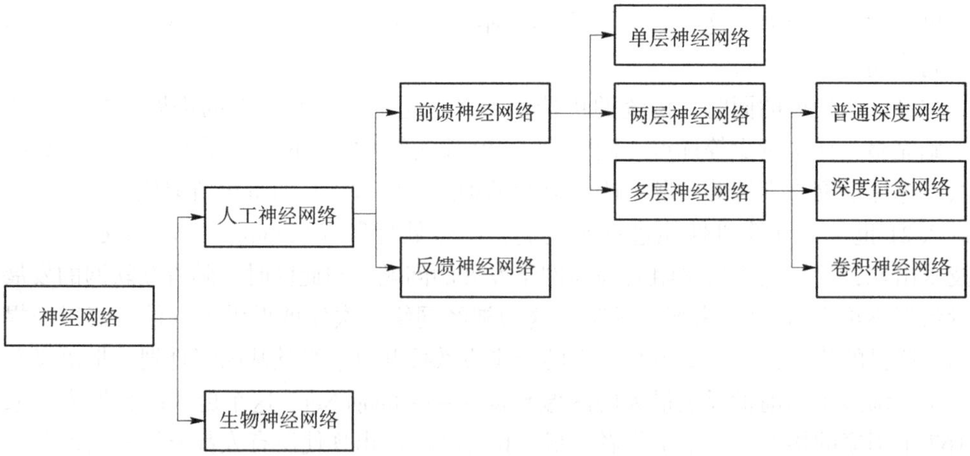

图 7－4　神经网络分类

人工神经网络又分为前馈神经网络和反馈神经网络两种，其区别在于它们的结构图。我们可以把结构图看作一个有向图，其中神经元代表顶点，连接代表有向边。对于前馈神经网络，有向图是没有回路的；而对于反馈神经网络，有向图是有回路的，反馈神经网络也是一类重要的神经网络，其中 Hopfield 网络就是反馈神经网络。深度学习中的 RNN 也属于一种反馈神经网络。

前馈神经网络主要包括：单层神经网络和多层神经网络。深度学习中的卷积神经网络属于一种特殊的多层神经网络。我们经常见到的 BP 神经网络，是使用了 BP 算法的两层前馈神经网络，也是最普遍的一种双层神经网络。

7.2　单层神经网络

7.2.1　生物神经网络

人类大脑是人体最复杂的器官，由神经元、神经胶质细胞、神经干细胞和血管组成。其中，神经元也叫神经细胞，是携带和传输信息的细胞，是人脑神经系统中最基本的单元。人脑神经系统是一个非常复杂的组织，包含近 860 亿个神经元[5]，每个神经元有上千个突触和其他神经元相连接。这些神经元和它们之间的连接形成巨大的复杂网络，其中神经连接的总长度可达数千千米。人造的任何复杂网络，如全球的计算机网络，和大脑神经网络相比都要“简单”得多[6]。

典型的生物神经元结构如图 7－5 所示，由以下部分组成：①细胞体：由细胞核、细胞质和细胞膜等组成；②树突：胞体上短而多分枝的突起相当于神经元的输入端，接收传入的神经冲动；③轴突：胞体上最长枝的突起也称为神经纤维，端部有很多神经末梢传出神经冲动，相当于神经元的输出端；④突触：神经元间的连接接口，每个神经元有 1 万～10 万个突触，神经元通过其轴突的神经末梢经突触与另一神经元的树突连接实现信息的传递。由于突触的信息传递特性是可变的，形成了神经元之间连接的柔性，称为结构的可塑性。

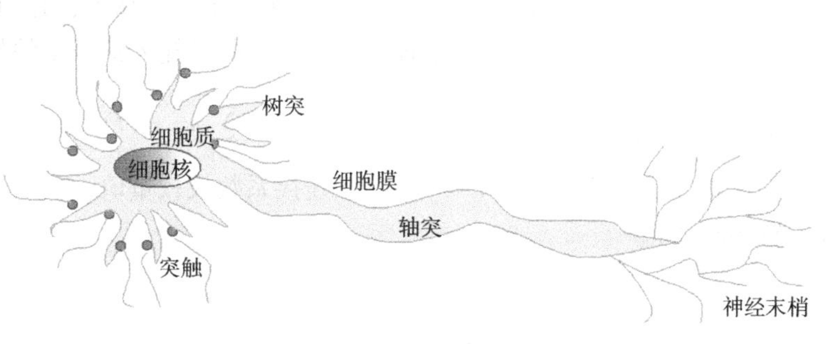

图 7－5　生物神经元结构

我们知道，一个人的智力不完全由遗传决定，大部分来自生活经验，也就是说人脑神经网络是一个具有学习能力的系统。那么人脑神经网络是如何学习的呢？在人脑神经网络中，每个神经元本身并不重要，重要的是神经元如何组成连接。不同神经元之间的突触有强有弱，其强度是可以通过学习（训练）不断改变的，具有一定的可塑性。神经元不同的连接形成了不同的记忆印痕。1949 年，加拿大神经心理学家 Donald Hebb 在“The Organization of Behavior”[7]一书中提出突触可塑性的基本原理；“当神经元 A 的一个轴突和神经元 B 很近，足以对它产生影响，并且持续地、重复地参与了对神经元 B 的兴奋刺激，那么这两个神经元或其中之一会发生某种生长过程或新陈代谢变化，以至于神经元 A 作为能使神经元 B 兴奋的细胞之一，它的效能加强了。”这个机制称为赫布理论或赫布法则。如果两个神经元总是相关联地受到刺激，它们之间的突触强度将增加，这样的学习方法称为赫布型学习。赫布认为人脑有两种记忆：长期记忆和短期记忆。短期记忆持续时间不超过 1 min，而如果一个经验重复足够多的次数，此经验就可以储存在长期记忆中。短期记忆转化为长期记忆的过程称为凝固作用，人脑中的海马区为大脑结构中凝固作用的核心区域。

7.2.2 人工神经网络

人工神经网络是为模拟人脑神经网络而设计的一种计算模型，它从结构、实现机理和功能上模拟人脑神经网络。人工神经网络与生物神经元类似，由多个节点（人工神经元）互相连接而成，可以用来对数据之间的复杂关系进行建模。不同节点之间的连接被赋予了不同的权重，每个权重代表一个节点对另一个节点的影响大小。每个节点代表一种特定函数，来自其他节点的信息经过其相应的权重综合计算，输入到一个激活函数中并得到一个新的活性值（兴奋或抑制）。从系统观点看，人工神经网络是由大量神经元通过极其丰富和完善的连接而构成的自适应非线性动态系统[8]。

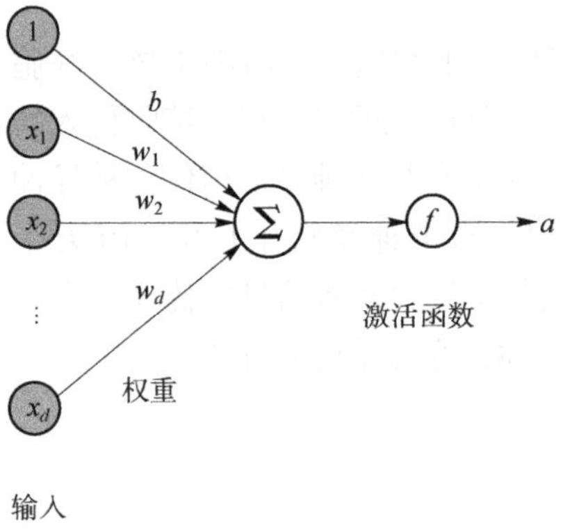

图 7-6 典型的神经元结构

1943 年，心理学家 McCulloch 和数学家 Pitts 根据生物神经元的结构，提出了一种非常简单的神经元模型——MP 神经元。现代神经网络中的神经元和 MP 神经元的结构并无太多变化，不同的是，MP 神经元中的激活函数 f 为 0 或 1 的阶跃函数，而现代神经元中的激活函数通常要求是连续可导的函数，如图 7-6 所示。

假设一个神经元接收 d 个输入 $x_1, x_2, \cdots, x_d$，令向量 $\boldsymbol{x} = [x_1, x_2, \cdots, x_d]$ 来表示这组输入，并用净输入 $z \in \mathbf{R}$ 表示一个神经元所获得的净输入信号 $\boldsymbol{x}$ 的加权和：

$$o_j = f\left(\sum_{i=1}^{d} w_{ij} x_i(t) - \theta_j\right) \tag{7.1}$$

式中：θ_j 为神经元 j 的阈值；w_{ij} 为神经元 $i \sim j$ 的突触连接系数或权重值；$f(\ )$ 为神经元激活函数（活之函数、转移函数）。

令

$$s_j = \sum_{i=1}^{n} w_{ij} x_i(t) - \theta_j$$

设 $w_{ij} = -1$，$x_0 = \theta_j$，则

$$s_j = \sum_{i=0}^{n} w_{ij} x_i = \boldsymbol{X}^{\mathrm{T}} W_j = W_j^{\mathrm{T}} \boldsymbol{X} \tag{7.2}$$

$$o_j = f(s_j) = f(W_j^{\mathrm{T}} \boldsymbol{X}) \tag{7.3}$$

激活函数的作用是将非线性引入神经元的输出。因为大多数现实世界的数据都是非线性

的，所以希望神经元能够用学习非线性的函数表示，因此这种应用至关重要。神经元的各种不同模型的主要区别在于采用了不同的激活函数，从而使神经元具有不同的信息处理特性。激活函数反映了神经元输出与其激活状态之间的关系，每个（非线性）激活函数都接收一个数字，并进行特定、固定的数学计算。在实践中，可能会碰到以下几种激活函数。

（1）Sigmoid（S 型激活函数）：输入一个实值，输出一个 0 ~ 1 间的值 $\sigma(x) = 1/(1 + \exp(-x))$。

（2）tanh（双曲正切函数）：输入一个实值，输出一个 [-1，1] 间的值 $\tanh(x) = 2\sigma(2x) - 1$。

（3）ReLU：ReLU 代表修正线性单元。输出一个实值，并设定 0 的阈值（函数会将负值变为 0）$f(x) = \max(0,x)$。

图 7 -7 表示了上述的三种激活函数。

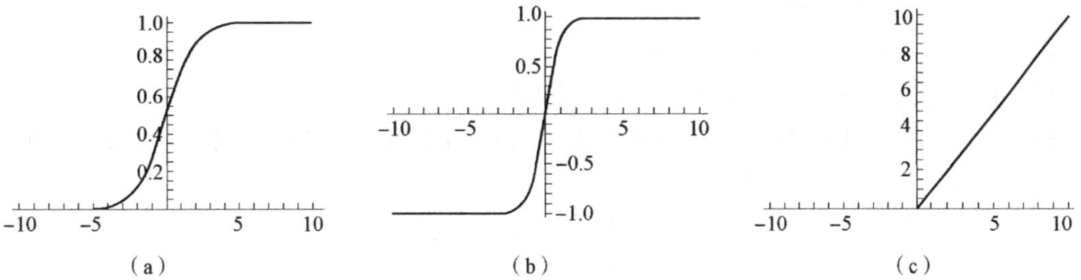

图 7 -7　激活函数

（a）Sigmoid；（b）tanh；（c）ReLU

7.3　多层感知器和反向传播算法

7.3.1　反向传播算法和反向传播网络简介

除了一个输入层和一个输出层以外，多层感知器还包括至少一个隐藏层。单层感知器只能学习线性函数，而多层感知器可以学习非线性函数。下面研究一种使用最广泛的神经网络，三层神经网络，有时也称为单隐层网络。图 7 -8 所示为一个输入层具有三个神经元（分别表示为 x_1、x_2、x_3）的三层感知器结构。

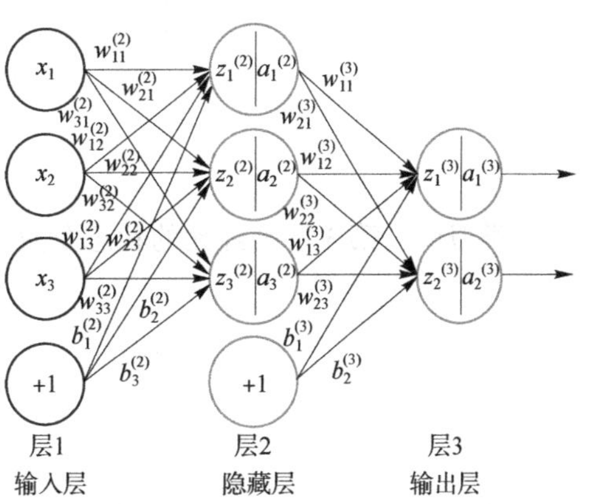

图 7 -8　应用反向传播算法的三层感知器

图 7 -8 所示的神经网络包含以下三种节点。

（1）输入节点：输入节点从外部世界获取信息，称为输入层。在输入节点中，不进行任何的计算——仅向隐藏节点传递信息。

（2）隐藏节点：隐藏节点和外部世界没有直接联系。这些节点进行计算，并将信息从输入节点传递到输出节点。隐藏节点统称为隐藏层。尽管一个前馈神经网络只有一个输入层和一个输出层，但是网络里既可以没有也可以有多个隐藏层。

(3) 输出节点：输出节点总称为输出层，负责计算，并从网络向外部世界传递信息。

从图7-8可以看出，多层感知器层与层之间是全连接的，即上一层的任何一个神经元与下一层的所有神经元都有连接。

使用BP算法的多层感知器又称为反向传播（Back Propagation，BP）神经网络。误差BP算法的提出，使得多层感知器的模型中神经元参数的计算变得简单可行。BP算法是一个迭代算法，它的基本思想是：①先计算每一层的状态和激活值，直到最后一层（信号是前向传播的）；②计算每一层的误差，误差的计算过程是从最后一层向前推进的（这就是BP算法名字的由来）；③更新参数其目标是误差变小，迭代步骤（1）和步骤（2），直到满足停止准则，如相邻两次迭代的误差的差别很小[9]。

记号说明：

(1) n_l 表示第 l 层的神经元的个数。

(2) f ( ) 表示神经元的激活函数。

(3) $\boldsymbol{W}^{(l)}$ 表示第 $l-1$ 层到第 l 层的权重矩阵。

(4) $w_{ij}^{(l)}$ 是权重矩阵 $\boldsymbol{W}^{(l)}$ 中的元素，表示第 $l-1$ 层第 j 个神经元到第 l 层第 i 个神经元的连接的权重（注意标号的顺序）。

(5) $\boldsymbol{b}^{(l)}=(b_1^l,b_2^l,\cdots,b_{n1}^l)^{\mathrm{T}}$ 表示 $l-1$ 层到第 l 层的偏置。

(6) $\boldsymbol{z}^{(l)}=(z_1^l,z_2^l,\cdots,z_{n1}^l)^{\mathrm{T}}$ 表示 l 层神经元的状态。

(7) $\boldsymbol{a}^{(l)}=(a_1^l,a_2^l,\cdots,a_{n1}^l)^{\mathrm{T}}$ 表示 l 层神经元的激活值（即输出值）。

在图7-8所示的例子中，输入数据 $\boldsymbol{x}=(x_1,x_2,x_3)^{\mathrm{T}}$ 是三维的（对于第1层，可以认为 $a_i^{(1)}=x_i$），唯一的隐藏层有三个节点，输出数据是二维的。

7.3.2 信息前向传播

显然，图7-8所示神经网络的第2层神经元的状态及激活值可以通过下面的计算得到：

$$z_1^{(2)}=w_{11}^{(2)}x_1+w_{12}^{(2)}x_2+w_{13}^{(2)}x_3+b_1^{(2)}$$

$$z_2^{(2)}=w_{21}^{(2)}x_1+w_{22}^{(2)}x_2+w_{23}^{(2)}x_3+b_2^{(2)}$$

$$z_3^{(2)}=w_{31}^{(2)}x_1+w_{32}^{(2)}x_2+w_{33}^{(2)}x_3+b_3^{(2)}$$

$$a_1^{(2)}=f(z_1^{(2)})$$

$$a_2^{(2)}=f(z_2^{(2)})$$

$$a_3^{(2)}=f(z_3^{(2)})$$

类似地，第3层神经元的状态及激活值可以通过下面的计算得到：

$$z_1^{(3)}=w_{11}^{(3)}a_1^{(2)}+w_{12}^{(3)}a_2^{(2)}+w_{13}^{(3)}a_3^{(2)}+b_1^{(3)}$$

$$z_2^{(3)}=w_{21}^{(3)}a_1^{(2)}+w_{22}^{(3)}a_2^{(2)}+w_{23}^{(3)}a_3^{(2)}+b_2^{(3)}$$

$$a_1^{(3)}=f(z_1^{(3)})$$

$$a_2^{(3)}=f(z_2^{(3)})$$

可以总结出，第 $l(2\leqslant l\leqslant L)$ 层神经元的状态及激活值为（下面公式为向量表示形式）

$$\boldsymbol{z}^{(l)}=\boldsymbol{W}^{(l)}\boldsymbol{a}^{(l-1)}+\boldsymbol{b}^{(l)}$$

$$\boldsymbol{a}^{(l)}=f(\boldsymbol{z}^{(l)})$$

对于第 L 层感知器，网络的最终输出为 $\boldsymbol{a}^{(L)}$。前馈神经网络中信息的前向传递过程如下：

$$\boldsymbol{x}=\boldsymbol{a}^{(1)}\rightarrow \boldsymbol{z}^{(2)}\rightarrow\cdots\rightarrow \boldsymbol{a}^{(L-1)}\rightarrow \boldsymbol{z}^{(L)}\rightarrow \boldsymbol{a}^{(L)}=\boldsymbol{y}$$

7.3.3　误差反向传播

信息前向传播讲的是已知各个神经元的参数后，如何得到神经网络的输出。但是怎么得到各个神经元的参数呢？误差 BP 算法解决的就是这个问题。

假设训练数据为 $\{(\boldsymbol{x}^{(1)},\boldsymbol{y}^{(1)}),(\boldsymbol{x}^{(2)},\boldsymbol{y}^{(2)}),\cdots,(\boldsymbol{x}^{(i)},\boldsymbol{y}^{(i)}),\cdots,(\boldsymbol{x}^{(N)},\boldsymbol{y}^{(N)})\}$，即共有 N 个，又假设输出数据为 n_L 维的，即 $\boldsymbol{y}^{(i)}=(y_1^{(i)},y_2^{(i)},\cdots,y_{n_L}^{(i)})^{\mathrm{T}}$。

对于某一个训练数据 $(\boldsymbol{x}^{(i)},\boldsymbol{y}^{(i)})$ 来说，其代价函数可以写为

$$\begin{aligned}E_{(i)}&=\frac{1}{2}\|y^{(i)}-o^{(i)}\|\\&=\frac{1}{2}\sum_{k=1}^{nl}(y_k^{(i)}-o_k^{(i)})^2\end{aligned}\tag{7.4}$$

说明 1：$y^{(i)}$ 为期望的输出（训练数据给出已知值），$o^{(i)}$ 为神经网络对输入 $x^{(i)}$ 产生的实际输出；

说明 2：代价函数中的系数 $\frac{1}{2}$ 显然不是必要的，它的存在仅仅是为了后续计算时更方便；

说明 3：以图 7－8 所示神经网络为例，$n_L=2$，$\boldsymbol{y}^{(i)}=(y_1^{(i)},y_2^{(i)})^{\mathrm{T}}$，从而有 $E_{(i)}=\frac{1}{2}(y_1^{(i)}-a_1^{(3)})^2+\frac{1}{2}(y_2^{(i)}-a_2^{(3)})^2$，如果展开到隐藏层，则

$$\begin{aligned}E_{(i)}=&\frac{1}{2}(y_1^{(i)}-f(w_{11}^{(3)}a_1^{(2)}+w_{12}^{(3)}a_2^{(2)}+w_{13}^{(3)}a_3^{(2)}+b_1^{(3)}))^2+\\&\frac{1}{2}(y_2^{(i)}-f(w_{21}^{(3)}a_1^{(2)}+w_{22}^{(3)}a_2^{(2)}+w_{23}^{(3)}a_3^{(2)}+b_2^{(3)}))^2\end{aligned}$$

还可以进一步展开到输入层（替换掉 $a_1^{(2)}$，$a_2^{(2)}$，$a_3^{(2)}$ 即可），最后可得：代价函数 $E_{(i)}$ 仅与权重矩阵 $\boldsymbol{W}^{(l)}$ 和偏置向量 $\boldsymbol{b}^{(l)}$ 相关，调整权重和偏置可以减少或增大代价（误差）。

显然，所有训练数据的总体（平均）代价可写为

$$E_{\text{total}}=\frac{1}{N}\sum_{i=1}^{N}E_{(i)}\tag{7.5}$$

我们的目标就是调整权重和偏置使总体代价（误差）变小，求得总体代价取最小值时对应的各个神经元的参数（权重和偏置）。如果采用梯度下降法，又称为批量梯度下降法，可以用下面公式更新参数 $w_{ij}^{(l)},b_i^{(l)}(2\leqslant l\leqslant L)$：

$$\boldsymbol{W}^{(l)}=\boldsymbol{W}^{(l)}-\mu\frac{\partial E_{\text{total}}}{\partial \boldsymbol{W}^{(l)}}=\boldsymbol{W}^{(l)}-\frac{\mu}{N}\sum_{i=1}^{N}\frac{\partial E_{(i)}}{\partial \boldsymbol{W}^{(l)}}$$

$$\boldsymbol{b}^{(l)}=\boldsymbol{b}^{(l)}-\mu\frac{\partial E_{\text{total}}}{\partial \boldsymbol{b}^{(l)}}=\boldsymbol{b}^{(l)}-\frac{\mu}{N}\sum_{i=1}^{N}\frac{\partial E_{(i)}}{\boldsymbol{b}^{(l)}}$$

由上面的公式可知，只需求得每一个训练数据的代价函数 $E_{(i)}$ 对参数的偏导数

$\partial E_{(i)}/\partial \boldsymbol{W}^{(l)}$, $\partial E_{(i)}/\boldsymbol{b}^{(l)}$，即可得到参数的迭代更新公式。为简单起见，在下面的推导中去掉 $E_{(i)}$ 的下标，直接记为 E（E 为单个训练数据的误差）。下面将介绍用 BP 算法求解一个简单的情况：如图 7－8 所示的神经网络，最后再归纳出通用公式。

输出层的权重参数更新：

把 E 展开到隐藏层，有

$$
\begin{aligned}
E &= \frac{1}{2}\| y - o \| \\
&= \frac{1}{2}\| y - \alpha^{(3)} \| \\
&= \frac{1}{2}((y_1 - a_1^{(3)})^2 + (y_2 - a_2^{(3)})^2) \\
&= \frac{1}{2}((y_1 - f(z_1^{(3)}))^2 + (y_2 - f(z_2^{(3)}))^2) \\
&= \frac{1}{2}((y_1 - f(w_{11}^{(3)} a_1^{(2)} + w_{12}^{(3)} a_2^{(2)} + w_{13}^{(3)} a_3^{(2)} + b_1^{(3)}))^2 + \\
&\quad \frac{1}{2}(y_2 - f(w_{21}^{(3)} a_1^{(2)} + w_{22}^{(3)} a_2^{(2)} + w_{23}^{(3)} a_3^{(2)} + b_2^{(3)}))^2
\end{aligned}
$$

由求导的链式法则对输出层神经元的权重参数求偏导，有

$$
\begin{aligned}
\frac{\partial E}{\partial w_{11}^{(3)}} &= \frac{1}{2} \cdot 2(y_1 - a_1^{(3)})\left(-\frac{\partial a_1^{(3)}}{\partial w_{11}^{(3)}}\right) \\
&= -(y_1 - a_1^{(3)})f'(z_1^{(3)})\frac{\partial z_1^{(3)}}{\partial w_{11}^{(3)}} \\
&= -(y_1 - a_1^{(3)})f'(z_1^{(3)})a_1^{(2)}
\end{aligned}
$$

如果把 $\partial E/\partial z_i^{(l)}$ 记为 $\delta_i^{(l)}$，即做出下面的定义：

$$
\delta_i^{(l)} = \frac{\partial E}{\partial z_i^{(l)}} \tag{7.6}
$$

显然，$\partial E/\partial w_{11}^{(3)}$ 可以写为

$$
\begin{aligned}
\frac{\partial E}{\partial w_{11}^{(3)}} &= \frac{\partial E}{\partial z_1^{(3)}}\frac{\partial z_1^{(3)}}{\partial w_{11}^{(3)}} \\
&= \delta_1^{(3)} a_1^{(2)}
\end{aligned}
$$

其中：

$$
\delta_1^{(3)} = \frac{\partial E}{\partial z_1^{(3)}} = \frac{\partial E}{\partial a_1^{(3)}}\frac{\partial a_1^{(3)}}{\partial z_1^{(3)}} = -(y_1 - a_1^{(3)})f'(z_1^{(3)})
$$

对于输出层神经元的其他权重参数，同样可以求得

$$
\begin{aligned}
\frac{\partial E}{\partial w_{12}^{(3)}} &= \delta_1^{(3)} a_2^{(2)} \\
\frac{\partial E}{\partial w_{13}^{(3)}} &= \delta_1^{(3)} a_3^{(2)} \\
\frac{\partial E}{\partial w_{21}^{(3)}} &= \delta_2^{(3)} a_1^{(2)}
\end{aligned}
$$

$$\frac{\partial E}{\partial w_{22}^{(3)}} = \delta_2^{(3)} a_2^{(2)}$$

$$\frac{\partial E}{\partial w_{23}^{(3)}} = \delta_2^{(3)} a_3^{(2)}$$

其中：

$$\delta_2^{(3)} = -(y_2 - a_2^{(3)}) f'(z_2^{(3)})$$

说明：之所以要引入记号 $\delta_i^{(l)}$，除了它能简化 $\partial E/\partial w_{ij}^{(l)}$ 和 $\partial E/\partial b_i^{(l)}$ 的表达形式外，更重要的是我们可以通过 $\delta_i^{(l+1)}$ 求解 $\delta_i^{(l)}$（后面将具体说明），这样可以充分利用之前计算过的结果来加快整个计算过程。

推广到一般情况，假设神经网络共 L 层，则

$$\delta_i^{(L)} = -(y_i - a_i^{(L)}) f'(z_i^{(L)}), 1 \leqslant i \leqslant n_L$$

$$\frac{\partial E}{\partial w_{ij}^{(l)}} = \delta_i^{(L)} a_j^{(L-1)}, 1 \leqslant i \leqslant n_L; 1 \leqslant j \leqslant n_{L-1}$$

如果把上面两式表达为矩阵（向量）形式，则为

$$\boldsymbol{\delta}^{(L)} = -(\boldsymbol{y} - \boldsymbol{a}^{(L)}) \odot f'(\boldsymbol{z}^{(L)})$$

$$\nabla_{W}{}^{(L)} E = \delta^{(L)} (\boldsymbol{a}^{(L-1)})^{\mathrm{T}} \tag{7.7}$$

注：符号⊙表示哈达玛积（Hadamard product）。这个符号运算规则简单，把对应位置的元素分别相乘即可，例如：

$$\begin{pmatrix} a_{11} & a_{12} \\ a_{21} & a_{22} \\ a_{31} & a_{32} \end{pmatrix} \odot \begin{pmatrix} b_{11} & b_{12} \\ b_{21} & b_{22} \\ b_{31} & b_{32} \end{pmatrix} = \begin{pmatrix} a_{11}b_{11} & a_{12}b_{12} \\ a_{21}b_{21} & a_{22}b_{22} \\ a_{31}b_{31} & a_{32}b_{32} \end{pmatrix}$$

隐藏层的权重参数更新：

对隐藏层神经元的权重参数求偏导，有

$$\frac{\partial E}{\partial w_{ij}^{(l)}} = \frac{\partial E}{\partial z_i^{(l)}} \frac{\partial z_i^{(l)}}{\partial w_{ij}^{(l)}} = \delta_i^{(l)} \frac{\partial z_i^{(l)}}{\partial w_{ij}^{(l)}} = \delta_i^{(l)} \boldsymbol{a}_j^{(l-1)}$$

式中，$\delta_i^{(l)}(2 \leqslant l \leqslant L-1)$ 的推导如下：

$$\delta_i^{(l)} = \frac{\partial E}{\partial z_i^{(l)}} = \sum_{j=1}^{n_{l+1}} \frac{\partial E}{\partial z_j^{(l+1)}} \frac{\partial z_j^{(l+1)}}{\partial z_i^{(l)}}$$

$$= \sum_{i=1}^{n_{i+1}} \delta_j^{(l+1)} \frac{\partial z_j^{(l+1)}}{\partial z_i^{(l)}}$$

上面的推导过程可以从图7-9中更清楚地展示出来，可以表示为

$$\delta_i^{(l)} = \sum_{j=1}^{n_{l+1}} \delta_j^{(l+1)} w_{ji}^{(l+1)} f'(z_i^{(l)})$$

$$= \left(\sum_{j=1}^{n_{l+1}} \delta_j^{(l+1)} w_{ji}^{(l+1)}\right) f'(z_i^{(l)})$$

上式是BP算法最核心的公式。它利用 $l+1$ 层的 $\delta^{(l+1)}$ 计算 l 层的 $\delta^{(l)}$，这就是“BP传播算法”名字的由来。如果把它表达为矩阵（向量）形式，则为

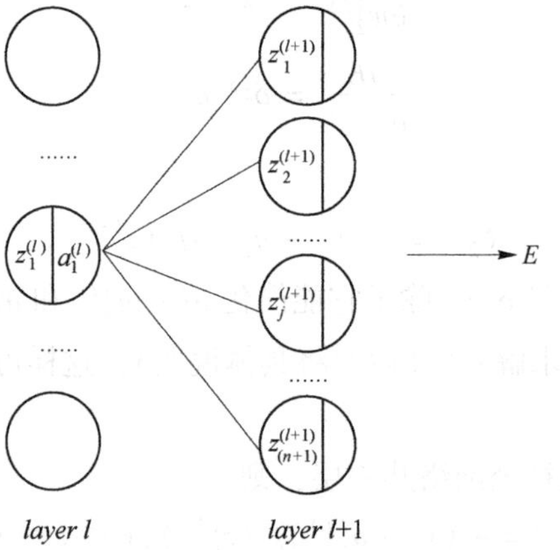

图 7-9　由 $\delta^{(l+1)}$ 求 $\delta_i^{(l)}$

$$\boldsymbol{\delta}^{(l)}=((\boldsymbol{W}^{(l+1)})^{\mathrm{T}}\boldsymbol{\delta}^{(l+1)})\odot\boldsymbol{f}'(z^{(l)}) \tag{7.8}$$

利用上面推导出来的隐藏层通用公式，对于图 7-8 所示神经网络，有

$$\begin{cases}
\dfrac{\partial E}{\partial w_{11}^{(2)}}=(\delta_1^{(3)}w_{11}^{(3)}+\delta_2^{(3)}w_{21}^{(3)})f'(z_1^{(2)})a_1^{(1)}\\
\dfrac{\partial E}{\partial w_{12}^{(2)}}=(\delta_1^{(3)}w_{11}^{(3)}+\delta_2^{(3)}w_{21}^{(3)})f'(z_1^{(2)})a_2^{(1)}\\
\dfrac{\partial E}{\partial w_{13}^{(2)}}=(\delta_1^{(3)}w_{11}^{(3)}+\delta_2^{(3)}w_{21}^{(3)})f'(z_1^{(2)})a_3^{(1)}\\
\dfrac{\partial E}{\partial w_{21}^{(2)}}=(\delta_1^{(3)}w_{12}^{(3)}+\delta_2^{(3)}w_{22}^{(3)})f'(z_2^{(2)})a_1^{(1)}\\
\dfrac{\partial E}{\partial w_{22}^{(2)}}=(\delta_1^{(3)}w_{12}^{(3)}+\delta_2^{(3)}w_{22}^{(3)})f'(z_2^{(2)})a_2^{(1)}\\
\dfrac{\partial E}{\partial w_{23}^{(2)}}=(\delta_1^{(3)}w_{12}^{(3)}+\delta_2^{(3)}w_{22}^{(3)})f'(z_2^{(2)})a_3^{(1)}\\
\dfrac{\partial E}{\partial w_{31}^{(2)}}=(\delta_1^{(3)}w_{13}^{(3)}+\delta_2^{(3)}w_{23}^{(3)})f'(z_3^{(2)})a_1^{(1)}\\
\dfrac{\partial E}{\partial w_{32}^{(2)}}=(\delta_1^{(3)}w_{13}^{(3)}+\delta_2^{(3)}w_{23}^{(3)})f'(z_3^{(2)})a_2^{(1)}\\
\dfrac{\partial E}{\partial w_{33}^{(2)}}=(\delta_1^{(3)}w_{13}^{(3)}+\delta_2^{(3)}w_{23}^{(3)})f'(z_3^{(2)})a_3^{(1)}
\end{cases}$$

这些公式可以通过把 E 继续展开到输入层直观地验证：

$$\begin{aligned}
E&=\frac{1}{2}\|y-o\|=\frac{1}{2}\|y-a^{(3)}\|\\
&=\frac{1}{2}((y_1-a_1^{(3)})^2+(y_2-a_2^{(3)})^2)
\end{aligned}$$

$$=\frac{1}{2}((y_1-f(z_1^{(3)}))^2+(y_2-f(z_2^{(3)}))^2)$$

$$=\frac{1}{2}((y_1-f(w_{11}^{(3)}a_1^{(2)}+w_{12}^{(3)}a_2^{(2)}+w_{13}^{(3)}a_3^{(2)}+b_1^{(3)}))^2+$$

$$(y_2-f(w_{21}^{(3)}a_1^{(2)}+w_{22}^{(3)}a_2^{(2)}+w_{23}^{(3)}a_3^{(2)}+b_2^{(3)}))^2)$$

$$=\frac{1}{2}((y_1-f(w_{11}^{(3)}f(z_1^{(2)})+w_{12}^{(3)}f(z_2^{(2)})+w_{13}^{(3)}f(z_3^{(2)})+b_1^{(3)}))^2+$$

$$(y_2-f(w_{21}^{(3)}f(z_1^{(2)})+w_{22}^{(3)}f(z_2^{(2)})+w_{23}^{(3)}f(z_3^{(2)})+b_2^{(3)}))^2)$$

输出层和隐藏层的偏置参数更新：

$$\frac{\partial E}{\partial b_i^{(l)}}=\frac{\partial E}{\partial z_i^{(l)}}\frac{\partial z_i^{(l)}}{b_i^{(l)}}$$

$$=\delta_i^{(l)}$$

对应的矩阵（向量）形式为

$$\nabla_{b^{(l)}}\boldsymbol{E}=\boldsymbol{\delta}^l \tag{7.9}$$

BP算法四个核心公式如下：

$$\delta_i^{(L)}=-(y_i-a_i^{(L)})f'(z_i^{(L)})$$

$$\delta_i^{(l)}=\left(\sum_{j=1}^{n_{l+1}}\delta_j^{(l+1)}w_{ji}^{(l+1)}\right)f'(z_i^{(l)})$$

$$\frac{\partial E}{\partial w_{ij}^{(l)}}=\delta_i^{(l)}a_j^{(l-1)}$$

$$\frac{\partial E}{\partial b_i^{(l)}}=\delta_i^{(l)}$$

这四个公式可以写成对应的矩阵（向量）形式：

$$\boldsymbol{\delta}^{(L)}=-(\boldsymbol{y}-\boldsymbol{a}^{(L)})\odot f'(\boldsymbol{z}^{(L)})$$

$$\boldsymbol{\delta}^{(l)}=((\boldsymbol{W}^{(l+1)})^{\mathrm{T}}\boldsymbol{\delta}^{(l+1)})\odot f'(\boldsymbol{z}^{(l)})$$

$$\frac{\partial E}{\partial W^{(l)}}=\boldsymbol{\delta}^{(l)}(\boldsymbol{a}^{(l-1)})^{\mathrm{T}}$$

$$\frac{\partial E}{\partial b^{(i)}}=\boldsymbol{\delta}^l$$

7.3.4 梯度消失问题及其解决办法

前面介绍过，误差反向传播有下面迭代公式：

$$\delta_i^{(l)}=\left(\sum_{j=1}^{n_{l+1}}\delta_j^{(l+1)}w_{ji}^{(l+1)}\right)f'(z_i^{(l)}) \tag{7.10}$$

其中，用到了激活函数$f(x)$的导数。误差从输出层反向传播时，在每一层都要乘以激活函数$f(x)$的导数。如果使用$\sigma(x)$或$\tanh(x)$作为激活函数，其导数为

$$\sigma'(x)=\sigma(x)(1-\sigma(x))\in[0,0.25]$$

$$\tanh'(x)=1-(\tanh(x))^2\in[0,1]$$

由上式可以看到，它们的导数的值都会小于1。这样，误差经过每一层传递都会不断地衰减。当网络导数比较多时，梯度不断地衰减甚至消失，使得整个网络很难训练，这就是梯

度消失问题。减轻梯度消失问题的一个方法是使用线性激活函数（如 rectifier 函数）或近似线性函数（如 softplus 函数）。这样，激活函数的导数为 1，误差可以很好地传播，训练速度会提高。

7.4 深度学习

7.4.1 深度学习与神经网络

从广义上说深度学习的网络结构是多层神经网络的一种。传统意义上的多层神经网络只有输入层、隐藏层和输出层。其中隐藏层的层数根据需要而定，没有明确的理论推导来说明到底多少层合适。而深度学习中最著名的 CNN，在原来多层神经网络的基础上，加入了特征学习部分，这部分是模仿人脑对信号的分级处理方式。具体操作就是在原来的全连接的层前面加入了部分连接的卷积层与降维层，而且加入的是一个层级。

深度学习与传统的神经网络之间既有相同的地方也有很多不同的地方。二者的相同之处在于深度学习采用了与神经网络相似的分层结构，系统是由输入层、隐层（多层）、输出层组成的多层网络，只有相邻层节点之间有连接，同一层以及跨层节点之间相互无连接。这种分层结构是比较接近人类大脑的结构的[10]。两者的不同之处在于神经网络采用 BP 算法调整参数，即采用迭代式算法来训练整个网络。随机设定初值，计算当前网络的输出，然后根据当前输出和样本真实标签之间的差去改变前面各层的参数，直到收敛；比较容易过拟合，参数较难调整，而且需要不少技巧；训练速度较慢。而深度学习则采用逐层训练机制，原因在于如果采用 BP 机制，对于一个深层网络（7 层以上），残差传播到最前面的层将变得很小，会出现梯度消失。

7.4.2 CNN——AlexNet 模型

下面以 CNN 经典模型——AlexNet 模型讲述深度学习工作原理。2012 年，Alex Krizhevsky、Ilya Sutskever 在加拿大多伦多大学 Geoff Hinton 的实验室设计出了一个深层的卷积神经网络 AlexNet，夺得了 2012 年 ImageNet LSVRC 的冠军，并且表现远超第二名，达到最低的 5.3% 的 Top - 5 错误率，比第二名低 10.8%，引起了很大的轰动。AlexNet 可以说是具有历史意义的一个网络结构，在此之前，深度学习已经沉寂了很长时间。自 2012 年 AlexNet 诞生之后，后面的 ImageNet 冠军都是用 CNN 来做的，并且层次越来越深，使得 CNN 成为图像识别分类的核心算法模型，带来了深度学习的大爆发[11]。

1. AlexNet 模型的特点

AlexNet 之所以能够成功，跟这个模型设计的特点有关，主要有：使用了非线性激活函数 ReLU；防止过拟合的方法：Dropout 和数据扩充；重叠池化：多 GPU 实现，使用 LRN 归一化层。

1）使用 ReLU 激活函数

传统的神经网络普遍使用 Sigmoid 或者 tanh 等非线性函数作为激励函数，然而它们容易出现梯度弥散或梯度饱和的情况。以 Sigmoid 函数为例，当输入的值非常大或者非常小时，这些神经元的梯度接近于 0，称为梯度饱和现象。如果输入的初始值很大，梯度在反向传播时因为需要乘上一个 Sigmoid 导数，会造成梯度越来越小，导致网络变得很难学习[12]。

在 AlexNet 中，使用了 ReLU 激活函数，该函数的公式为：$f(x)=\max(0,x)$，当输入信号小于 0 时，输出都是 0；当输入信号大于 0 时，输出等于输入，如图 7－10 所示。

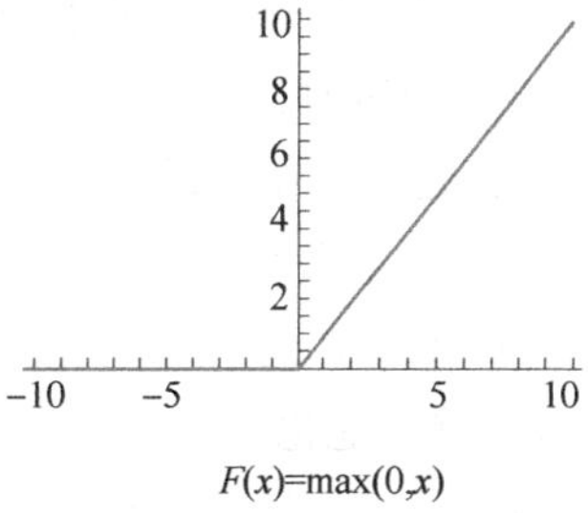

图 7－10　ReLU 激活函数

使用 ReLU 替代 Sigmoid/tanh，由于 ReLU 是线性的，且导数始终为 1，计算量大大减少，收敛速度会比 Sigmoid/tanh 快很多。

2）数据扩充

有一种观点认为神经网络是靠数据喂出来的，如果能够增加训练数据，提供海量数据进行训练，则能够有效提升算法的准确率，因为这样可以避免过拟合，从而可以进一步增大、加深网络结构。而当训练数据有限时，可以从已有的训练数据集中通过一些变换生成一些新的数据，以快速扩充训练数据。其中，最简单、通用的图像数据变形的方式为水平翻转图像，即从原始图像中随机裁剪、平移变换以及颜色、光照变换等，如图 7－11 所示。

（a）

（b）

图 7－11　图像数据变形

（a）水平翻转，随机裁剪、平移交换；（b）颜色、光照变换

AlexNet 在训练时，数据扩充是按下面的方法处理的。

（1）随机裁剪：对 256×256 像素的图片进行随机裁剪到 224×224 像素，然后进行水平翻转，相当于将样本数量增加了 $((256-224)^2)\times 2 = 2\,048$ 倍。

（2）测试时，对左上、右上、左下、右下、中间分别做了 5 次裁剪，然后翻转，共 10 个裁剪，之后对结果求平均。通过随机裁剪，可以有效避免过拟合。

（3）对定义空间做主成分分析（Principal Component Analysis，PCA），然后对主成分做一个（0，0.1）的高斯扰动，也就是对颜色、光照做变换，结果使错误率又下降了 1%。

3）重叠池化

一般的池化是不重叠的，池化区域的窗口大小与步长相同，如图 7－12 所示。

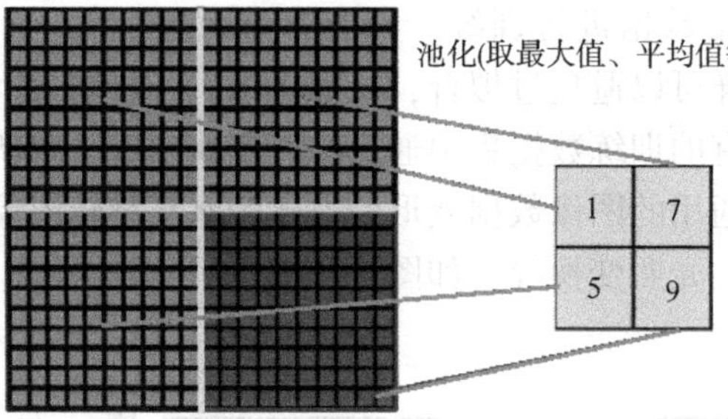

图 7－12　一般的池化

在 AlexNet 中使用的池化却是可重叠的，也就是说，在池化时，每次移动的步长小于池化的窗口长度。AlexNet 池化的大小为 3×3 的正方形，每次池化移动步长为 2，这样就会出现重叠。重叠池化可以避免过拟合，这个策略贡献了 0.3% 的 top5 错误率。

4）局部归一化（Local Response Normalization，LRN）

神经生物学有一个概念叫做“侧抑制”，指的是被激活的神经元抑制相邻神经元。归一化的目的是“抑制”，局部归一化就是借鉴了“侧抑制”的思想来实现局部抑制，尤其当使用 ReLU 时这种“侧抑制”很有效[13]，因为 ReLU 的响应结果是无界的（可以非常大），所以需要归一化。使用局部归一化的方案有助于增强泛化能力。

LRN 的公式如下，其核心思想是利用邻近的数据做归一化，这个策略贡献了 1.2% 的 top5 错误率：

$$b_{x,y}^{i} = \frac{a_{x,y}^{i}}{\left(k+\alpha\sum_{j=\max(0,i-n/2)}^{\min(N-1,i+n/2)}(a_{x,y}^{j})^2\right)^{\beta}} \tag{7.11}$$

式中：$a_{x,y}^{i}$ 表示使用核 i 作用于 (x,y)，然后再采用 ReLU 非线性函数计算得到的活跃度；n 为该层的核的总数目；常数 k，n，α，β 为超参数，它们的值使用一个验证集来确定。

5）引入 Dropout

引入 Dropout 主要是为了防止过拟合。在神经网络中 Dropout 通过修改神经网络本身结构来实现，对于某一层的神经元，通过定义的概率将神经元置为 0，这个神经元就不参与前向和后向传播，如同在网络中被删除了一样，同时保持输入层与输出层神经元的个数不变，然后按照神经网络的学习方法进行参数更新。在下一次迭代中，又重新随机删除一些神经元（置为0），直至训练结束。

Dropout 是 AlexNet 中一个很大的创新，以至于“神经网络之父”Hinton 在后来很长一段时间里的演讲中都拿 Dropout 举例。Dropout 也可以看成是一种模型组合，每次生成的网络结构都不一样，通过组合多个模型的方式能够有效地减少过拟合，Dropout 只需要两倍的训练时间即可实现模型组合（类似于取平均）的效果，非常高效。Dropout 原理如图 7－13 所示。

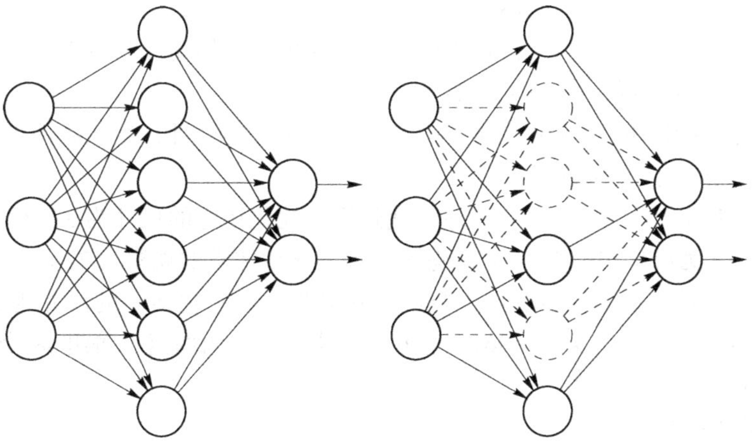

图 7－13　Dropout 原理

（a）完整网络（非 Dropout）；（b）Dropout

6）多 GPU 训练

AlexNet 使用了 GTX580 的 GPU 进行训练，由于单个 GTX580 GPU 只有 3 GB 内存，限制了在其上训练的网络的最大规模，因此在每个 GPU 中放置$\frac{1}{2}$的核（或神经元），将网络分布在两个 GPU 上进行并行计算，大大加快了 AlexNet 的训练速度。

2. AlexNet 网络结构的逐层解析

AlexNet 的网络结构图如图 7－3 所示。AlexNet 网络结构共有 8 层，前面 5 层是卷积层，后面 3 层是全连接层，最后一个全连接层的输出传递给一个 1 000 路的 softmax 层，对应 1 000 个类标签的分布。

由于 AlexNet 采用了两个 GPU 进行训练，因此，该网络结构图由上下两部分组成，一个 GPU 运行图上方的层，另一个 GPU 运行图下方的层，两个 GPU 只在特定的层通信。例如，第二、第四、第五层卷积层的核只和同一个 GPU 上的前一层的核特征图相连，第三层卷积层和第二层所有的核特征图相连接，全连接层中的神经元和前一层中的所有神经元相连接。

1）第一层（卷积层）

该层的处理流程为卷积→ReLU→池化→归一化。

（1）卷积：输入的原始图像大小为 224×224×3 像素（RGB 图像），在训练时会经过预处理变为 227×227×3 像素。在本层使用 96 个 11×11×3 像素的卷积核进行卷积计算，生成新的像素。由于采用了两个 GPU 并行运算，因此，网络结构图中上下两个部分分别承担了 48 个卷积核的运算。

卷积核在图像上按一定步长沿 x 轴方向、y 轴方向移动计算卷积，然后生成新的特征图，其大小为：floor((img_size - filter_size)/stride) +1 = new_feture_size，其中 floor 表示向下取整，img_size 为图像大小，filter_size 为核大小，stride 为步长，new_feture_size 为卷积后的特征图大小，这个公式为图像尺寸减去卷积核尺寸，再除以步长，然后加上被减去的核大小像素对应生成的一个像素，结果是卷积后特征图的大小。

AlexNet 中本层的卷积移动步长是 4 个像素，卷积核经移动计算后生成的特征图大小为 (227-11)/4+1=55 像素，即 55×55 像素。

(2) ReLU：卷积后的 55×55 像素层经过 ReLU 单元的处理，生成激活像素层，尺寸仍为两组 55×55×48 的像素层数据。

(3) 池化：RuLU 后的像素层再经过池化运算，池化运算的尺寸为 3×3，步长为 2，则池化后图像的尺寸为(55-3)/2+1=27 像素，即池化后像素的规模为 27×27×96。

(4) 归一化：池化后的像素层再进行归一化处理，归一化运算的尺寸为 5×5，归一化后的像素规模不变，仍为 27×27×96，这 96 层像素层被分为两组，每组 48 个像素层，分别在一个独立的 GPU 上进行运算。

2）第二层（卷积层）

该层与第一层类似，处理流程为卷积→ReLU→池化→归一化。

(1) 卷积：第二层的输入数据为第一层输出的 27×27×96 的像素层（分成两组 27×27×48 的像素层放在两个不同 GPU 中进行运算），为方便后续处理，在这里每幅像素层的上下左右边缘都被填充了 2 个像素（填充 0），即图像的大小变为（27+2+2)×(27+2+2)像素。第二层的卷积核大小为 5×5，移动步长为 1 个像素，与第一层第（1）点的计算公式一样，经卷积核计算后的像素层大小变为（27+2+2-5)/1+1=27，即卷积后大小为 27×27 像素。

本层使用了 256 个 5×5×48 的卷积核，同样也是被分成两组，每组为 128 个，分给两个 GPU 进行卷积运算，结果生成两组 27×27×128 个卷积后的像素层。

(2) ReLU：这些像素层经过 ReLU 单元的处理，生成激活像素层，尺寸仍为两组 27×27×128 的像素层。

(3) 池化：再经过池化运算的处理，池化运算的尺寸为 3×3，步长为 2，池化后图像的尺寸为（57-3)/2+1=13，即池化后像素的规模为两组 13×13×128 的像素层。

(4) 归一化：然后再经过归一化处理，归一化运算的尺度为 5×5，归一化后的像素层的规模为两组 13×13×128 的像素层，分别由两个 GPU 进行运算。

3）第三层（卷积层）

第三层的处理流程为卷积→ReLU。

(1) 卷积：第三层输入数据为第二层输出的两组 13×13×128 的像素层，为了便于后续处理，每幅像素层的上下左右边缘都填充 1 个像素，填充后变为（13+1+1)×(13+1+1)×128，分布在两个 GPU 中进行运算。这一层中每个 GPU 都有 192 个卷积核，每个卷积核的尺寸是 3×3×256。因此，每个 GPU 中的卷积核都能对两组 13×13×128 的像素层的所有数据进行卷积运算。每个 GPU 要处理来自前一层的所有 GPU 的输入。本层卷积的步长是 1 个像素，经过卷积运算后的尺寸为 $(13+1+1-3)/1+1=13$，即每个 GPU 中共 $13\times13\times192$ 个卷积核，两个 GPU 中共有 $13\times13\times384$ 个卷积后的像素层。

（2）ReLU：卷积后的像素层经过 ReLU 单元的处理，生成激活像素层，尺寸仍为两组 $13\times13\times192$ 的像素层，分配给两组 GPU 处理。

4）第四层（卷积层）

与第三层类似，第四层的处理流程为卷积→ReLU。

（1）卷积：第四层输入数据为第三层输出的两组 $13\times13\times192$ 的像素层，类似于第三层，为了便于后续处理，每幅像素层的上下左右边缘都填充 1 个像素，填充后的尺寸变为 $(13+1+1)\times(13+1+1)\times192$，分布在两个 GPU 中进行运算。

这一层中每个 GPU 都有 192 个卷积核，每个卷积核的尺寸是 $3\times3\times192$，与第三层不同，第四层的 GPU 之间没有通信。卷积的移动步长是 1 个像素，经卷积运算后的尺寸为 $(13+1+1-3)/1+1=13$，每个 GPU 中有 $13\times13\times192$ 个卷积核，两个 GPU 卷积后生成 $13\times13\times384$ 的像素层。

（2）ReLU：卷积后的像素层经过 ReLU 单元处理，生成激活像素层，尺寸仍为两组 $13\times13\times192$ 像素层，分配给两个 GPU 处理。

5）第五层（卷积层）

第五层的处理流程为卷积→ReLU→池化。

（1）卷积：第五层输入数据为第四层输出的两组 $13\times13\times192$ 的像素层，为了便于后续处理，每幅像素层的上下左右边缘都填充 1 个像素，填充后的尺寸变为 $(13+1+1)\times(13+1+1)$，两组像素层数据被送至两个不同的 GPU 中进行运算。这一层中每个 GPU 都有 128 个卷积核，每个卷积核的尺寸是 $3\times3\times192$，卷积的步长是 1 个像素，经卷积后的尺寸为 $(13+1+1-3)/1+1=13$，每个 GPU 中有 $13\times13\times128$ 个卷积核，两个 GPU 卷积后生成 $13\times13\times256$ 的像素层。

（2）ReLU：卷积后的像素层经过 ReLU 单元处理，生成激活像素层，尺寸仍为两组 $13\times13\times128$ 像素层，由两个 GPU 分别处理。

（3）池化：两组 $13\times13\times128$ 像素层分别在两个不同 GPU 中进行池化运算处理，池化运算的尺寸为 3×3，步长为 2，池化后图像的尺寸为 $(13-3)/2+1=6$，即池化后像素的规模为两组 $6\times6\times128$ 的像素层数据，共有 $6\times6\times256$ 的像素层数据。

6）第六层（全连接层）

第六层的处理流程为卷积（全连接）→ReLU→Dropout。

（1）卷积（全连接）：第六层输入数据是第五层的输出，尺寸为 $6\times6\times256$ 像素。本层共有 4 096 个卷积核，每个卷积核的尺寸为 $6\times6\times256$，由于卷积核的尺寸刚好与待处理特征图（输入）的尺寸相同，即卷积核中的每个系数只与特征图（输入）尺寸的一个像素值相乘，一一对应，因此，该层被称为全连接层。由于卷积核与特征图的尺寸相同，卷积运算后只有一个值。因此，卷积后的像素层尺寸为 $4\,096\times1\times1$，即有 4 096 个神经元。

（2）ReLU：这 4 096 个运算结果通过 ReLU 激活函数生成 4 096 个值。

（3）Dropout：再通过 Dropout 运算，输出 4 096 个结果值。

7）第七层（全连接层）

第七层的处理流程为全连接→ReLU→Dropout。

第六层输出的4 096 个数据与第七层的4 096 个神经元进行全连接，然后经 ReLU 进行处理后生成4 096 个数据，再经过 Dropout 处理后输出 4 096 个数据。

8）第八层（全连接层）

第八层的处理流程为全连接。

第七层输出的 4 096 个数据与第八层的 1 000 个神经元进行全连接，经过训练后输出的 1 000 个浮点型数值为最终结果。

7.5 神经网络在睡眠分期中的应用

在睡眠分期中，神经网络可以作为分类器，发掘各个特征中的关系，其在特征选取较为充分和准确时效果良好。在睡眠分期中，同样可以应用神经网络完成分类。以下是一个简单示例（数据处理部分见第 2 章）。我们将脑电数据中的均值、方差、偏度和峰度归一化。将训练集和测试集按 8:2 分割，进行交叉验证。

数据集按 8:2 分割成训练集和测试集

实现代码如下：

```
#统计特征
_Label = data['Label']
LName = ['R','S1','S2','S3','S4','W']
_Feature = data[['Mean','Var','Sk','Kur']]
Nm = (_Feature - _Feature.mean()) /(_Feature.std())
from sklearn.model_selection import train_test_split,cross_val_score
from sklearn.neural_network import MLPClassifier
from sklearn.metrics import classification_report
from sklearn.metrics import confusion_matrix
train_X, test_X, train_Y, test_Y = train_test_split(Nm, _Label, test_size =0.2,random_state = seeds)
clf = MLPClassifier()
clf.fit(train_X,train_Y)
print(cross_val_score(clf,train_X,train_Y,cv =5,scoring ='accuracy'),' \n')
```

五折交叉验证的准确率结果如下：

[0.629 675 3，0.635 802 47，0.629 065 46，0.620 831 62，0.629 477 15]

该结果提升空间较大，说明睡眠分期问题复杂，我们应补充更多有效的特征。

参考文献

[1] McCulloch W S, Pitts W. A logical calculus of the ideas immanent in nervous activity [J]. The Bulletin of Mathematical Biophysics, 1943, 5 (4): 115 -133.

[2] Minsky M L, Papert S A. Perceptrons: Expanded Edition [M]. Cambridge: MIT Press, 1988.

[3] 贾祖琛. 神经网络图像压缩算法的 FPGA 实现研究 [D]. 西安：西安电子科技大学，2018.

[4] 郑泽宇，顾思宇. TensorFlow：实战 Google 深度学习框架 [M]. 北京：电子工业出版社，2017.

[5] Azevedo F A C，Carvalho L R B，Grinberg L T，et al. Equal numbers of neuronal and nonneuronal cells make the human brain an isometrically scaled - up primate brain [J]. Journal of Comparative Neurology，2009，513 (5)：532 – 541.

[6] 邱锡鹏. 神经网络与深度学习 [M]. 北京：机械工业出版社，2020.

[7] Hebb D O. The Organization of Behavior：A Neuropsychological Theory [M]. New York：Wiley，1949.

[8] 张经伟，鞠建波，单志超. 基于 BP 神经网络的电子设备故障诊断技术 [J]. 系统仿真技术，2014，02：105 – 109.

[9] 宣昱婷. 引入不同环境模型的区域生态效率和生态文明政策绩效评价研究 [D]. 合肥：中国科学技术大学，2018.

[10] 马忠. 基于视频监控深度解析融合技术的实战应用 [J]. 信息技术，2018，42 (4)：121 – 124.

[11] 赵超越. 基于深度学习的汉字字体识别技术的研究与实现 [D]. 北京：北京邮电大学，2019.

[12] 吴超，邵曦. 基于深度学习的指静脉识别研究 [J]. 计算机技术与发展，2018 (2)：43.

[13] 吴晓凤. 基于卷积神经网络的手势识别算法研究 [D]. 杭州：浙江工业大学，2018.

第 8 章 遗传算法

遗传算法（Genetic Algorithm，GA）起源于对生物系统所进行的计算机模拟研究。Hollan 在 1960 年基于达尔文的进化论提出了 GA 算法，后来他的学生 Goldberg 于 1989 年进一步扩展了 GA[1]。它是模仿自然界生物进化机制发展起来的随机全局搜索和优化方法，借鉴了达尔文的进化论和孟德尔的遗传学说。其本质是一种高效、并行、全局搜索的方法，能在搜索过程中自动获取和积累有关的搜索空间的知识，并自适应地控制搜索过程以求得最优解。

8.1 遗传算法的基本原理

8.1.1 遗传与进化的系统观

（1）生物的所有遗传信息都包含在其染色体中，染色体决定了生物的性状。

（2）染色体是基因有规律的排列所构成的，遗传和进化过程发生在染色体上。

（3）生物的繁殖过程是由其基因的复制完成的。

（4）通过同源染色体之间的交叉或染色体的变异会产生新的物种，使生物呈现新的性状。

（5）对环境适应性好的基因或者染色体会经常比适应性差的基因或染色体有更多的机会遗传到下一代[2]。

8.1.2 遗传算法的特点

（1）自组织、自适应和自学习性。在编码方案、适应度函数及遗传算子确定后，算法将利用进化过程中获得的信息自行组织搜索。

（2）本质并行性——内在并行性与内含并行性。前者是指 GA 的适应度评价是并行的，同时可以在多群体之间可以进行通信；后者是指 GA 虽然每代仅处理 N 个个体，但却有效处理了 $O(N^3)$ 个模式。

（3）无级求导，只需目标函数和适应度函数。

（4）强调概率转换规则，而不是确定的转换规则。

（5）GA 以决策变量的编码作为运算对象，特别是对于一些无数值概念或者很难有数值概念而只有代码概念的优化问题，编码处理方式更能显示出独特的优越性[3]。

8.1.3　遗传算法的基本术语

基因型：性状染色体的内部表现。

表现型：染色体决定的性状的外部表现，或者说，根据基因型形成的个体的外部表现。

进化：种群逐渐适应生存环境，品种不断得到改良。生物的进化是以种群的形式进行的。

适应度：度量某个物种对于生存环境的适应程度。

选择：以一定的概率从种群中选择若干个个体。选择过程是一种基于适应度的优胜劣汰过程。

复制：细胞分裂时，遗传物质 DNA 通过复制而转移到新产生的细胞中，新细胞就继承了旧细胞的基因。

交叉：两个染色体的某一相同位置处 DNA 被切断，前后两串分别交叉组合形成两个新的染色体，也称为基因重组或杂交。

变异：复制时可能产生某些复制差错（概率很小），变异产生新的染色体，表现出新的性状。

编码：DNA 中遗传信息在一个长链上按一定的模式排列。遗传编码可看作从表现型到基因型的映射。

解码：从基因型到表现型的映射。

个体：指染色体带有特征的实体。

种群：个体的集合，该集合内个体数称为种群的大小。

8.1.4　遗传算法的主要步骤

遗传算法流程如图 8－1 所示。

算法 8.1　遗传算法

(1) 初始化：设置进化代数计数器 $t<0$；设置最大进化代数 T；随机生成 M 个个体作为初始群体 $P(0)$。

(2) 个体评价：计算群体 $P(t)$ 中各个个体的适应度。

(3) 选择运算：将选择算子作用于群体。

(4) 交叉运算：将交叉算子作用于群体。

(5) 变异运算：将变异算子作用于群体。群体 $P(t)$ 经过选择、交叉、变异运算之后得到下一代群体 $P(t+1)$。

(6) 终止条件判断：若 $t \leqslant T$，则 $t<t+1$，转到步骤（2）；若 $t>T$，则以进化过程中得到的具有最大适应度的个体作为最优解输出，终止计算。

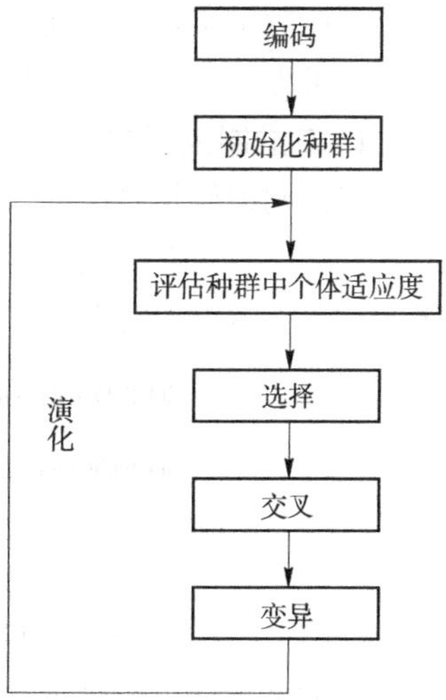

图 8－1　遗传算法流程

8.1.5　基本遗传算法的构成要素

(1) 染色体编码方法。基本 GA 使用固定长度的二进制符号串表示群体中的个体，其等位基因是由二值符号集 {0,1} 所组成的。初始群体中各个个体的基因值可用均匀分布的随机数来生成。

（2）个体适应度评价。基本遗传算法按与个体适应度成正比的概率决定当前群体中每个个体遗传到下一代群体中的机会是多少。为了正确计算这个概率，这里要求所有个体的适应度必须为正或0，必须预先确定好由目标函数值到个体适应度之间的转换规则，特别是要预先确定好当目标函数值为负数时的处理[4]。

（3）遗传算子。使用三种遗传算子：选择运算使用比例选择算子；交叉运算使用单点交叉算子；变异运算使用基本位变异算子或均匀变异算子。

（4）基本遗传算法的运行参数。基本遗传算法有下述4个运行参数需要提前设定：M：群体大小，一般为20～100；T：遗传运算终止进化代数，一般为100～500；P_c：交叉概率，一般为0.4～0.99；P_m：变异概率，一般为0.0001～0.1。

8.2 遗传算法的基本实现技术

8.2.1 编码方法

编码是应用GA时要解决的首要问题，它除了决定个体的染色体排列形式之外，还决定个体从搜索空间的基因型变换到解空间的表现型时的解码方法。同时，还影响到交叉算子、变异算子等遗传算子的运算方法。

De Jong曾经提出了两条可操作性较强的实用编码原则。

（1）有意义积木编码原则：应使用易于产生与问题相关的且具有低价、短定义长度模式的编码方案。

（2）最小字符集编码原则：应使用能使问题得到自然表示或描述的具有最小编码字符集的编码方案。

上述编码原则仅仅给出了设计编码方案时的一个指导性大纲，它并不适用于所有的问题。所以对于实际应用问题，仍必须对编码方法、交叉运算方法、变异运算方法和解码方法等统一考虑，以寻求到一种对问题的描述最方便、遗传运算效率最高的编码方案[5]。

1. 二进制编码方法

二进制编码符号串的长度与问题所要求的求解精度有关。假设某一个参数的取值范围为$[U_{min}, U_{max}]$，用长度为l的二进制编码符号串来表示该参数，则它总共能够产生2^l种不同的编码，若参数编码时对应关系如下：

$$
\begin{array}{ccc}
00000000\cdots00000000=0 & \rightarrow & U_{min} \\
00000000\cdots00000001=1 & \rightarrow & U_{min}+\delta \\
\vdots \quad \vdots \quad \vdots & \vdots & \vdots \\
11111111\cdots11111111=2^l-1 & \rightarrow & U_{max}
\end{array}
$$

则二进制编码的编码精度为

$$\delta=\frac{U_{max}-U_{min}}{2^{l-1}} \tag{8.1}$$

假设某一个体的编码是

$$X: b_l b_{l-1} b_{l-2} \cdots b_2 b_1$$

则其解码公式为

$$x = U_{\min} + \left(\sum_{i=1}^{l} b_i \cdot 2^{i-1} \right) \cdot \frac{U_{\max} - U_{\min}}{2^{l-1}} \tag{8.2}$$

二进制编码方法有下述一些优点：

(1) 编码、解码操作简单易行。

(2) 交叉、变异等遗传操作便于实现。

(3) 符合最小字符集编码原则。

(4) 便于利用模式定理对算法进行理论分析。

2. 格雷码编码方法

二进制编码不便于反映出所求问题的结构特征，对于一些连续函数的优化问题，遗传运算的随机特性使得其局部搜索能力较差。为此，人们提出了格雷码对个体进行编码。格雷码是这样的一种编码方法，其连续的两个整数所对应的编码值之间仅仅只有一个码位是不同的，其余码位都完全相同[3]，如表 8－1 所示。

表 8－1　二进制码与格雷码

十进制数	二进制码	格雷码
0	0000	0000
1	0001	0001
2	0010	0011
3	0011	0010
4	0100	0110
5	0101	0111
6	0110	0101
7	0111	0100
8	1000	1100
9	1001	1101
10	1010	1111
11	1011	1110
12	1100	1010
13	1101	1011
14	1110	1001
15	1111	1000

假设有一个二进制编码为 $B=b_m b_{m-1}\cdots b_2 b_1$，其对应的格雷码为 $G=g_m g_{m-1}\cdots g_2 g_1$，由二进制编码到格雷码的转换公式为

$$\begin{cases} b_m = g_m \\ b_i = b_{i+1} \oplus g_i, i=m-1, m-2, \cdots, 1 \end{cases} \tag{8.3}$$

式中，$\oplus$表示异或运算符。

格雷码有这样一个特点：任意两个整数的差是这两个整数所对应的格雷码之间的海明距离。这个特点是遗传算法中使用格雷码来进行编码的主要原因。格雷码是二进制编码方法的一种变形，其编码精度与相同长度的二进制编码的精度相同。

格雷码编码方法的主要优点如下：

(1) 便于提高遗传算法的局部搜索能力。

(2) 交叉、变异等遗传操作便于实现。

(3) 符合最小字符集编码原则。

(4) 便于利用模式定理对算法进行理论分析。

3. 浮点数编码方法

浮点数编码方法：指个体的每个基因值用某一范围内的一个浮点数来表示，个体的编码长度等于其决策变量的个数。因为这种编码方法使用的是决策变量的真实值，所以也称为真值编码方法[6]。

例如，如果某个优化问题有 5 个变量 $x_i(i=1,2,\cdots,5)$，每个变量都有对应的上下限 $[U^i_{\min}, U^i_{\max}]$，基因型对应的表现型为 $\boldsymbol{x}=[5.80, 6.90, 3.50, 3.80, 5.00]^{\mathrm{T}}$。

在浮点数编码方法中，必须保证基因值在给定的区间限制范围内，遗传算法中所使用的交叉、变异等遗传算子也必须保证其运算结果所产生的新个体的基因值也在这个区间限制范围内。再者，当用多个字节来表示一个基因值时，交叉运算必须在两个基因的分界字节处进行，而不能在某个基因的中间分隔处进行。

浮点数编码方法的优点如下：

(1) 适合于在遗传算法中表示范围较大的数。

(2) 适合于精度要求较高的遗传算法。

(3) 便于较大空间的遗传搜索。

(4) 改善了遗传算法的计算复杂性，提高了运算效率。

(5) 便于遗传算法与经典优化方法的混合使用。

(6) 便于设计针对问题的专门知识的知识型遗传算子。

(7) 便于处理复杂的决策变量约束条件。

4. 符号编码方法

符号编码方法是指个体染色体编码串中的基因值取自一个无数值含义、只有代码含义的符号集。这个符号集可以是一个字母表，如 $\{A, B, C, \cdots\}$；也可以是一个数字序列号表，如 $\{1, 2, 3, \cdots\}$；还可以是一个代码表，如 $\{A1, A2, A3, \cdots\}$ 等。

符号编码的主要优点如下：

(1) 符合有意义积木编码原则。

(2) 便于在遗传算法中利用所求解问题的专门知识。

（3）便于遗传算法与相近算法之间的混合使用。

5. 多参数级联编码方法

将各个参数分别以某种编码方法进行编码，然后将它们的编码按一定顺序连接在一起就组成了表示全部参数的个体编码。这种编码方法称为多参数级联编码方法。在这种方法中，各个参数的编码可以是二进制、格雷码、浮点数或者符号编码等，每个参数可以具有不同的上下界、不同的编码长度或者编码精度。

6. 多参数交叉编码方法

基本思想：将各个参数中起主要作用的码位集中在一起，这样它们就不易被遗传算子破坏。在进行多参数交叉编码时：首先对各个参数进行分组编码（假设共有 n 个参数，每个参数都用长度为 m 的二进制编码串来表示）；然后取各个参数编码串中的最高位连接到一起，以它们作为个体编码串的前 n 位编码。

多参数交叉编码方法特别适合于各个参数之间的相互关系较强、各个参数对最优解的贡献相当时的优化问题。

8.2.2 适应度函数

在 GA 中，使用适应度来度量群体中各个个体在优化计算中有可能达到，或接近于，或有助于寻找到最优解的优良程度。适应度较高的个体遗传到下一代的概率较大，而适应度较低的个体遗传到下一代的概率就相对小一些。度量个体适应度的函数称为适应度函数。

1. 目标函数与适应度函数

评价个体适应度的过程如下：

（1）对个体编码串进行解码处理后，可得到个体的表现型。

（2）对个体的表现型可计算出对应个体的目标函数值。

（3）根据优化问题类型，由目标函数值按一定的转换规则求出个体的适应度。

2. 适应度尺度变换

（1）早熟现象：在 GA 运行的初期，群体中可能会有少数几个个体的适应度非常高，若按照常用的比例选择算子确定个体的遗传数量，则可能它们占的比例非常高，甚至全部是由它们组成的。这样，产生新个体作用较大的交叉算子就起不了任何作用，使群体的多样性降低，所求的解停留在某一个局部最优解上。

（2）在 GA 运行的后期，群体中所有个体的平均适应度可能会接近于群体中最佳个体的适应度，它们之间的无竞争力，使得进化过程退化成一种随机选择的过程，导致无法对某些重点区域进行重点搜索，从而影响 GA 的运行效率。

为了克服第（1）种现象，我们希望在 GA 的初期，GA 能够对一些适应度较高的个体进行限制，降低其适应度与其他个体适应度之间的差异程度，限制其遗传到下一代的数量，保证群体的多样性。为了克服第（2）种现象，我们希望在 GA 的后期，GA 能够对个体的适应度进行适当放大，扩大最佳个体适应度与其他个体适应度之间的差异程度，以提高个体之间的竞争性。

这种对个体适应度所做的扩大或缩小变换称为适应度尺度变换。目前，常用的个体适应度尺度变换方法主要有三种：线性尺度变换、乘幂尺度变换和指数尺度变换[7]。

(1) 线性尺度变换。变换公式为

$$F' = aF + b \tag{8.4}$$

式中：系数 a，b 直接影响到线性尺度变换的大小，对其选取有一定的要求。

尺度变换后全部个体的新适应度的平均值 F'_{avg} 要等于其原适应度平均值 F_{avg}，即 $F'_{avg} = F_{avg}$。这是为了保证群体中适应度接近于平均适应度的个体能够有期待的数量被遗传到下一代群体中。

尺度变换后群体中新的最大适应度 F'_{max} 应等于其平均适应度 F_{avg} 的指定倍数，即 $F'_{max} = C \cdot F_{avg}$。其中，$C$ 为最佳个体的期望复制数量，对于群体规模大小为 50 ~ 100，依据个体的情况，一般选取 1.2 ~ 2。这是为了保证群体中最好的个体能够期望复制 C 倍到新一代群体中。

(2) 乘幂尺度变换。乘幂尺度变换公式为

$$F' = F^k \tag{8.5}$$

式中，k 与所求解的问题有关，并且在算法的执行过程中需要不断对其进行修正才能使得其尺度变换满足一定的伸缩要求。

(3) 指数尺度变换。变换公式为

$$F' = e^{-\beta F} \tag{8.6}$$

式中，β 决定了选择的强制性，β 越小，原有适应度较高的个体的新适应度就与其他个体的新适应度相差越大，即增加了选择该个体的强制性。

8.2.3 选择算子

选择操作建立在对个体的适应度进行评价的基础之上。选择操作的主要目的是避免基因缺失，提高全局收敛性和计算效率。主要的选择算子有以下几种。

1. 比例选择算子

最常用和最基本的选择算子是比例选择算子。比例选择算子是指个体被选中到下一代群体中的概率与该个体的适应度大小成正比，也叫赌盘选择。其具体执行过程如下：

(1) 计算出群体中所有个体的适应度的总和。

(2) 计算出每个个体的相对适应度，即个体被遗传到下一代群体的概率。

(3) 使用模拟赌盘操作（0 ~ 1 之间的随机数）来确定各个个体被选中的次数。

2. 最优保存策略

选择最好适应度的个体作为种子选手，直接保留到下一代。其具体操作过程如下：

(1) 找出当前群体中适应度最高的个体和适应度最低的个体。

(2) 若当前群体中最佳个体的适应度比迄今为止最好个体的适应度还要高，则以当前群体的最佳个体作为新的迄今为止的最好个体。

(3) 用迄今为止的最好个体替换掉当前群体中的最差个体。

最优保存策略可视为选择操作的一部分，它可以保证迄今为止所得到的最优个体不会被交叉、变异等遗传运算所破坏，它是遗传算法收敛的一个重要保证。但是最优保存策略也容易使得某个局部最优个体不易被淘汰反而快速扩散，从而使得算法的全局搜索能力不强。所以，这种方法一般要与其他一些选择操作方法配合起来使用，才可以达到良好的效果。

3. 确定式采样选择

具体操作过程如下：

(1) 计算群体中各个个体在下一代群体中的期望生存数目 N_i ：

$$N_i = M\frac{F_i}{\sum_{i=1}^{M} F_i},(i=1,2,\cdots,M) \tag{8.7}$$

(2) 用 N_i 的整数部分确定各个对应个体在下一代群体中的生存数目。由这一步可以确定出下一代群体中的个体总数 M' (对其整数部分求和)。

(3) 按照 N_i 的小数部分对个体进行降序排序，顺序取前 $M-M'$ 个个体加入下一代群体中。至此可完全确定出下一代群体中的 M 个个体。

这种选择操作方法可保证适应度较大的一些个体一定能够被保留到下一代群体中。

4. 无回放随机选择

这种选择操作也叫做期望值选择方法，其基本思想是根据每个个体在下一代群体中的生存期望值进行随机选择运算。其具体操作过程如下：

(1) 计算群体中每个个体在下一代群体中的生存期望数目 N_i ：

$$N_i = M\frac{F_i}{\sum_{i=1}^{M} F_i},(i=1,2,\cdots,M) \tag{8.8}$$

(2) 若某一个体被选中参与交叉运算，则它在下一代中的生存期望数目减去 0.5；若某一个个体未被选中参与交叉运算，则它在下一代中的生存期望数目减去 1.0。

(3) 随着选择过程的进行，若某个个体的生存期望数目小于 0，则这个个体再也不会被选中。

5. 无回放余数随机选择

具体操作过程如下：

(1) 计算群体中每个个体在下一代群体中的生存期望数目 N_i ：

$$N_i = M\frac{F_i}{\sum_{i=1}^{M} F_i},(i=1,2,\cdots,M) \tag{8.9}$$

(2) 用 N_i 的整数部分确定各个对应个体在下一代群体中的生存数目。由该步可以确定出下一代群体中的个体总数 M' (对其整数部分求和)。

(3) 计算各个个体的新的适应度，用比例选择方法确定下一代中还未确定的个体。

6. 排序选择

其着眼点是个体适应度之间的大小关系，对个体适应度是否取正值或负值以及个体适应度之间的数值差异程度并无特殊要求。其主要思想是：对群体中的所有个体按其适应度大小进行排序，基于这个排序分配各个个体被选中的概率。其具体操作过程如下：

(1) 对群体中的所有个体按照其适应度大小进行降序排序。

(2) 根据具体求解问题，设计一个概率分配表，将各个概率值按上述排序次序分配给各个个体。

（3）以各个个体所分配到的概率值作为其能够被遗传到下一代的概率，使用这些概率值所用比例选择的方法来产生下一代群体。

7. 随机联赛选择

它也是一种基于个体适应度之间大小关系的选择方法。其基本思想是：每次选择几个个体之间适应度最高的一个个体遗传到下一代群体中。在此方法中，每次进行适应度大小比较的个体数目称为联赛规模。一般情况下，联赛规模 N 的取值为 2。其具体操作过程如下：

（1）从群体中随机选择 N 个个体进行适应度大小的比较，将其中适应度最高的个体遗传到下一代群体中。

（2）将上述过程重复 M 次，就可以得到下一代群体的 M 个个体。

8.2.4 交叉算子

遗传算法中的交叉运算，是指对两个互相配对的染色体以某种方式互相交换其部分基因，从而形成两个新的个体。遗传算法中，在交叉运算之前先对群体中的个体进行配对，最常用的配对策略是随机配对。交叉运算一般要求它既不要太多地破坏个体编码串中表示优良性状的优良模式，又要能够有效地产生出一些较好的新个体模式。另外，交叉算子的设计要和个体编码设计统一考虑。

交叉算子的设计包括两个方面的内容：如何确定交叉点的位置？如何进行部分基因交换？

1. 单点交叉

单点交叉算子是最常用的交叉算子，它是指在个体编码串中只随机设置一个交叉点，然后在该点相互交换两个配对个体的部分染色体。单点交叉的重要特点是：若邻接基因座之间的关系能提供较好的个体性状和较高的个体适应度，则这种单点交叉操作破坏个体性状和降低个体适应度的可能性最小。

2. 双点交叉与多点交叉

它是指在个体编码串中随机设置了两个交叉点，然后再进行部分基因交换。

具体操作过程如下：

（1）在相互配对的两个个体编码串中随机设置两个交叉点。

（2）在所设定的两个交叉点之间交换两个个体的部分染色体。

将单点交叉和双点交叉的概率加以推广，可以得到多点交叉的概念。一般来说，不要使用多点交叉算子，它有可能破坏一些编码的模式。交叉点越多，优良模式被破坏的可能性越大。

3. 均匀交叉

它是指两个配对个体的每个基因座上的基因都以相同的交叉概率进行交换，从而形成两个新的个体。均匀交叉实际上可以归属于多点交叉的范围，其具体运算可通过设置一个屏蔽字来确定个体的各个基因是由哪一个父代个体来提供的。

具体操作过程如下：

（1）随机产生一个与个体编码串长度等长的屏蔽字 $W = w_1 w_2 \cdots w_i \cdots w_l$，其中 l 为编码串长度。

（2）由下述规则从 A，B 两个父代个体中产生出两个新的子代 A'，B'：若 $w_i=0$，则 A' 在第 i 个基因座上的基因值继承 A 对应的基因值，B' 在第 i 个基因座上的基因值继承 B 对应的基因值。

4. 算术交叉

它是指由两个个体的线性组合而产生出两个新的个体，通常这类交叉操作的对象是浮点数编码所表示的个体。假设在两个个体 X_A^t，X_B^t 之间进行算术交叉，则交叉运算后所产生出的两个新个体为

$$\begin{cases} X_A^{t+1}=\alpha X_B^t+(1-\alpha)X_A^t \\ X_B^{t+1}=\alpha X_A^t+(1-\alpha)X_B^t \end{cases} \tag{8.10}$$

式中：α 为一参数，它可以是一个常数，此时所进行的交叉运算称为均匀算术交叉；它也可以是一个由进化代数所确定的变量，此时称为非均匀算术交叉。

具体操作过程如下：

（1）确定两个个体进行线性组合时的系数 α。

（2）依据上面公式生成两个新的个体。

8.2.5　变异算子

所谓变异运算，是指将个体染色体编码串中的某些基因座上的基因只用该基因座的其他等位来替换，从而形成一个新的个体。交叉运算是产生新个体的主要方法，它决定了遗传算法的全局搜索能力。而变异运算只是产生新个体的辅助方法，它是必不可少的一个运算步骤，决定了遗传算法的局部搜索能力。

使用变异算子主要有以下两个目的：

（1）改善遗传算法的局部搜索能力。

（2）维持群体的多样性，防止出现早熟现象。

变异算子的设计内容包括以下两个方面的内容：

（1）如何确定变异的位置？

（2）如何进行基因值替换？

1. 基本位变异

基本位变异算子是最简单的变异算子是指对个体编码串中以变异概率 P_m 随机指定的某一位或某几位基因座上的基因值做变异运算。

2. 均匀变异

它是指分别用符合某一范围内均匀分布的随机数，以某一较小的概率来替换个体编码串中各个基因座上的原有基因值。

具体操作过程如下：

（1）依次指定个体编码串中的每个基因座为变异点。

（2）对每个变异点，以变异概率 P_m 从对应基因的取值范围内取一随机数来替代原有基因值。

均匀变异操作特别适用于遗传算法的初期运行阶段，它使搜索点可以在整个搜索空间内自由移动，从而可以增加群体的多样性，使算法可以处理更多的模式。

3. 边界变异

边界变异是均匀变异操作的一个变形遗传算法，在进行操作时，随机地取基因座的两个对应边界基因值之一去替代原有基因值。

4. 非均匀变异

均匀变异是取某一个范围内均匀分布的随机数替换原有基因值，可使得个体在搜索空间自由移动。但是，它却不能对某一个重点区域进行局部搜索。因此，我们对原有基因值做一些随机扰动，以扰动后的结果作为变异后的新基因值。对每个基因座都以相同的概率进行变异运算后，相当于整个解向量在解空间中做了一个轻微的变体。这种变异操作方法就称为非均匀变异。

非均匀变异的具体操作过程与均匀变异类似，但是它重点搜索原个体附近的微小区域。

5. 高斯变异

它是改进遗传算法对重点搜索区域的局部搜索性能的另外一种变异操作方法。所谓高斯变异操作，是指进行变异操作时，用符合均值为 μ 、方差为 σ^2 的正态分布的一个随机数来替换原有基因值。

8.2.6 遗传算法的运行参数

GA 中需要选择的运行参数主要有个体编码串长度 l、群体大小 M、交叉概率 P_c、变异概率 P_m、终止代数 T、代沟 G 等。其选取的一般规则如下：

（1）编码串长度 l。使用二进制编码来表示个体时，编码串长度 l 的选取与问题所要求的求解精度有关；使用浮点数编码来表示个体时，编码串长度 l 与决策变量的个数 n 相等；使用符号编码表示个体时，编码串长度 l 由问题的编码方式确定；另外，也可以使用变长度的编码表示个体。

（2）群体大小 M。群体大小 M 表示群体中所含个体的数量。当 M 取值较小时，可提高 GA 的运算速度，但却降低了 GA 的多样性，有可能会引起早熟现象；而当 M 取值较大时，又会使 GA 的运行效率降低。一般建议的取值范围为 20 ~ 100。

（3）交叉概率 P_c。交叉概率一般取值较大，但过大容易破坏群体中的优良模式，若过小则产生新个体的速度较慢，一般建议取值范围为 0.4 ~ 0.99。另外，也可以使用自适应的思想来确定交叉概率。

（4）变异概率 P_m。变异概率较大时，可能破坏较好的模式；太小则不利于产生新个体和抑制早熟现象，一般建议范围为 0.000 1 ~ 0.1。另外也可以使用自适应的思想来确定变异概率。

（5）终止代数 T。一般建议取值范围为 100 ~ 1 000，它还可以利用某种判定准则，判定出当群体已经进化成熟且不再有进化趋势时就可以终止算法的运行过程。常用的判定准则有两种：①连续几代个体平均适应度的差异小于某一个极小的阈值；②群体中所有个体的适应度的方差小于某一个极小的阈值。

（6）代沟 G。代沟 G 是表示各代群体之间个体重叠程度的一个参数，它表示每一个群体中被替换掉的个体在全部个体中所占的比例。

8.2.7　约束条件的处理方法

实际应用中的优化问题一般含有一定的约束条件，它们的描述形式各种各样，目前尚无一般化方法，只能针对具体应用问题及约束条件的特征，再考虑 GA 中遗传算子的运行能力，选用不同的处理方法。在构造 GA 时，处理约束条件的常用方法主要有三种：搜索空间限定法、可行解变换法和惩罚函数法。

1. 搜索空间限定法

搜索空间限定法的基本思想是：对 GA 的搜索空间的大小加以限制，使得搜索空间中表示一个个体的点与解空间中表示一个可行解的点有一一对应的关系。

具体操作方法如下：

(1) 用编码方法保证总是能够产生出在解空间中有对应可行解的染色体，这个实现要求我们设计出一种比较好的个体编码方案。

(2) 用程序保证直到产生出解空间中有对应可行解的染色体之前，一直进行交叉运算和变异运算。

2. 可行解变换法

可行解变换法的基本思想是：在个体基因型到个体表现型的变换中，增加使其满足约束条件的处理过程。即寻找出一种个体基因型和个体表现型之间的多对一的变换关系，使进化过程中所产生的个体总能够通过这个变换而转化成解空间中满足约束条件的一个可行解。

3. 惩罚函数法

惩罚函数法的基本思想是：对于在解空间中无对应可行解的个体，计算其适应度时，除以一个惩罚函数，从而降低该个体的适应度，使该个体被遗传到下一代群体中的机会减少，即用下式对个体的适应度进行调整：

$$F(x,y) = f(x,y) - a\times\max\{0, x^2+y^2-1\} \tag{8.11}$$

8.3　遗传算法的优化举例

8.3.1　优化实例1

求解下述二元函数最大值：

$$\begin{cases} \max f(x_1,x_2) = x_1^2 + x_2^2 \\ \text{s. t.}\ \dfrac{x_1 \in \{0,1,2,\cdots,7\}}{x_2 \in \{0,1,2,\cdots,7\}} \end{cases} \tag{8.12}$$

对其主要运算过程作如下解释：

(1) 个体编码。GA 的运算对象是表示个体的符号串，所以必须把变量 x_1,x_2 编码作为一种符号串。本例中，x_1,x_2 取 0 ~ 7 之间的整数，可分别用 3 位无符号二进制整数来表示，将它们连接在一起所组成的 6 位无符号二进制整数就形成了个体的基因型，表示一个可行解。例如，基因型 $X = 101\,110$ 所对应的表现型是 $X = [5,6]$。个体的表现型 x 和基因型 X 之间可通过编码和解码程序相互转换。

（2）初始群体的产生。GA 是对群体进行的进化操作，需要给其准备一些表示起始搜索点的初始群体数据。本例中，群体规模的大小取为 4，即群体由四个个体组成，每个个体可通过随机方法产生。一个随机产生的初始群体如表 8－2 中第②栏所示。

（3）适应度计算。GA 中以个体适应度的大小来评定各个个体的优劣程度，从而决定其遗传机会的大小。结合本例情况，可直接用目标函数值作为个体的适应度。为了计算函数的目标值，需对个体基因型 X 进行解码。表 8－2 中第③、④栏所示为初始群体中各个个体的解码结果，第⑤栏所示为各个个体所对应的目标函数值，也表示个体的适应度，第⑤栏还给出了群体中适应度的最大值和平均值。

（4）选择运算。选择运算（复制运算）把当前群体中适应度较高的个体按某种规则或模型遗传到下一代群体中。一般要求适应度较高的个体将有更多的机会遗传到下一代群体中。本例中，采用与适应度成正比的概率来确定各个个体复制到下一代群体中的数量。具体操作过程是：首先计算出群体中所有个体适应度的总和 $\sum f_i$；其次计算出各个个体的相对适应度的大小 $f_i/\sum f_i$，如表 8－2 中第⑥栏所示，即每个个体被遗传到下一代群体中的概率，每个概率值组成一个区域，全部概率值之和为 1；最后再产生一个 0～1 的随机数，依据该随机数落在哪个区域内就选择哪个个体。表 8－2 中第⑦、⑧栏所示为一个随机产生的选择结果。

表 8－2　遗传算法模拟计算

① 个体编号	② 初始群体 $P(0)$	③ x_1	④ x_2	⑤ $f_i(x_1,x_2)$		⑥ $f_i/\sum f_i$
1	011 101	3	5	34	$\sum f_i=143$	0.24
2	101 011	5	3	34	$f_{max}=50$	0.24
3	011 100	3	4	25	$f=35.75$	0.17
4	111 001	7	1	50		0.35

⑦ 选择次数	⑧ 选择结果	⑨ 配对情况	⑩ 交叉点位置	⑪ 交叉结果	⑫ 变异点	⑬ 变异结果
1	011 101	1－2	1－2:2	011 001	4	011 101
1	111 001			111 101	5	111 111
0	101 011	3－4	3－4:4	101 001	2	111 001
2	111 001			111 011	6	111 010

⑭ 子代群体 $P(1)$	⑮ x_1	⑯ x_2	⑰ $f_i(x_1,x_2)$		⑱ $f_i/\sum f_i$
011 101	3	5	34	$\sum f_i=235$	0.14
111 111	7	7	98	$f_{max}=98$	0.42
111 001	7	1	50	$f=58.75$	0.21
111 010	7	2	53		0.23

（5）交叉运算。交叉运算是GA中产生新个体的主要操作过程，它以某一个概率相互交换某两个个体之间的部分染色体。本例采用单点交叉的方法，具体操作过程是：先对群体进行随机配对，表8－2中第⑨栏所示为一种随机配对情况；其次随机设置交叉位置，表8－2中第⑩栏所示为一随机产生的交叉点位置，其中的数字表示交叉点设置在该基因座之后；最后相互交换配对染色体之间的部分基因。表8－2中第⑪栏所示为交叉运算的结果。

（6）变异运算。变异运算是对个体的某一个或某一些基因座上的基因值按某一个较小的概率进行改变，它也是产生新个体的一种操作方法。本例中，采用基本位变异的方法来进行变异运算，具体操作过程是：首先确定出各个个体的基因变异位置，表8－2中第⑫栏所示为随机产生的变异点位置，其中数字表示变异点在该基因座处；然后依照某一概率将变异点的原有基因值取反。表8－2中第⑬、⑭栏所示为变异结果。

对群体$P(t)$进行一轮选择、交叉、变异运算后可得到新一代的群体$P(t+1)$。

8.3.2 优化实例2

求解一元函数的最大值：

$$f(x)=x\sin(10\pi*x)+2.0,x\in[-1,2]$$

一元函数图像如图8－2所示。

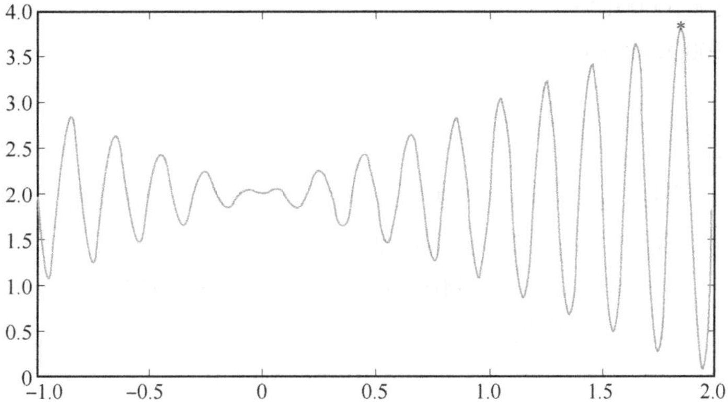

图8－2 函数图像

1. 问题的提出

首先用微分法求解$f(x)$的最大值：

$$f'(x)=\sin(10\pi*x)+10\pi*x*\cos(10\pi*x)=0$$

即

$$\tan(10\pi*x)=-10\pi*x$$

解有无穷多个：

$$\begin{cases}x_i=\dfrac{2i-1}{20}+\varepsilon_i,i=1,2,\cdots\\x_0=0\\x_i=\dfrac{2i+1}{20}+\varepsilon_i,i=-1,-2,\cdots\end{cases}$$

式中，$\varepsilon_i(i=1,2,\cdots,-1,-2,\cdots)$是一个接近于0的实数递减序列。

当 i 为奇数时，x_i 对应局部极大值点；i 为偶数时，x_i 对应局部极小值值。x_{19} 即区间 [-1，2] 内的最大值点：

$$x_{19}=\frac{37}{20}+\varepsilon_{19}=1.85+\varepsilon_{19}$$

2. 编码

表现型：x 作为实数，可以视为遗传算法的表现型形式。

基因型：二进制编码（串长取决于求解精度）。

串长与精度之间的关系：若要求求解精度到6 位小数，区间长度为 $2-(-1)=3$，即需将区间分为 $3/0.000\,001=3\times10^6$ 等份。所以编码的二进制串长应为 22 位。

3. 产生随机种群

产生的方式：随机。

产生的结果：长度为 22 的二进制串。

产生的数量：种群的大小（规模），指种群中个体的数目，如 30，50…

1111010011100001011000
1100110011101010101110
1010100011110010000100
0000011010010000000000
⋮

4. 计算适应度

不同的问题有不同的适应度计算方法，本例中，直接用目标函数作为适应度函数。

（1）将某个体转化为 [-1，2] 区间的实数：

$$s=<1000101110110101000111>\rightarrow x=0.637\,197$$

（2）计算 x 的函数值（适应度）：

$$\begin{aligned} f(x) &= x\sin(10\pi * x)+2.0 \\ &= 2.586\,345 \end{aligned}$$

5. 遗传操作

选择：轮盘赌选择法。

交叉：单点交叉。

变异：小概率变异。

6. 模拟结果

设置的参数：种群大小 50；交叉概率 0.75；变异概率 0.05；最大迭代数 200。遗传算法优化结果如表 8-3 所示，得到的最佳个体：

表 8-3 遗传算法优化结果

世代数	1	9	17	30	50	80	120	200
自变量	1.449 5	1.839 5	1.851 2	1.850 5	1.850 6	1.850 6	1.850 6	1.850 6
适应度	3.449 4	3.741 2	3.849 9	3.850 3	3.850 3	3.850 3	3.850 3	3.850 3

$$s_{max} = <1111001100111011111100>$$

$$x_{max} = 1.8506$$

$$f(x_{max}) = 3.8503$$

历代适应度变化如图 8-3 所示。

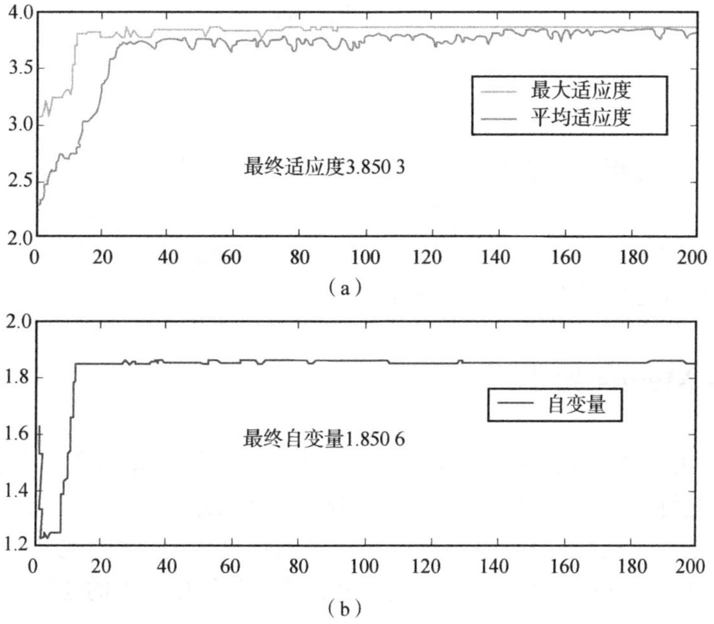

图 8-3 历代适应度变化

参考文献

[1] Abara J. Applying integer linear programming to the fleet assignment problem [J]. Interfaces, 1989, 19 (4): 20-28.

[2] 秦帅. 遗传算法在航天器轨道机动中的应用研究 [D]. 哈尔滨: 哈尔滨工业大学, 2007.

[3] 谷克. 遗传算法在公路路线智能决策系统中的应用研究 [D]. 西安: 长安大学, 2008.

[4] 安磊. 一种基于遗传算法的数据挖掘技术的研究与应用 [D]. 南京: 河海大学, 2001.

[5] 丁煜. 排水管网改扩建计算机辅助优化设计 [D]. 长沙: 湖南大学, 2001.

[6] 程鸿. 基于遗传算法的点群数据成型方向优化 [D]. 西安: 长安大学, 2008.

[7] 李建. 工程结构优化的群体智能算法 [D]. 杭州: 浙江大学, 2010.

第9章　聚类算法

聚类分析又称群分析，它是研究（样品或指标）分类问题的一种统计分析方法，同时也是数据挖掘的一个重要算法。聚类分析是由若干模式组成的。通常，模式是一个度量的向量，或者是多维空间中的一个点。聚类分析以相似性为基础，在一个聚类中的模式之间比不在同一聚类中的模式之间具有更多的相似性[1]。

9.1　*K* – Means 聚类

K – Means 算法是最常用的聚类算法，主要思想是：在给定 *K* 值和 *K* 个初始类簇中心点的情况下，首先把每个点（也称为数据记录）分到离其最近的类簇中心点所代表的类簇中，所有点分配完毕之后，根据一个类簇内的所有点重新计算该类簇的中心点（取平均值），然后再迭代地进行分配点和更新类簇中心点的步骤，直至类簇中心点的变化很小或达到指定的迭代次数[2]。

算法 9.1　*K* – Means 聚类

（1）选择一些类/组，并随机初始化它们各自的中心点，中心点是与每个数据点向量长度相同的位置。这需要我们提前预知类的数量（中心点的数量）。

（2）计算每个数据点到中心点的距离，数据点距离哪个中心点最近就划分到哪一类中。

（3）计算每一类的中心点作为新的中心点。

（4）重复以上步骤，直到每一类中心在每次迭代后变化不大为止。也可以多次随机初始化中心点，然后选择运行结果最好的一个[3]。

基本原理：假设簇划分为 $(C_1, C_2, \cdots, C_k)$，我们的目标是最小化平方误差 E：

$$E = \sum_{i=1}^{k} \sum_{x \in \boldsymbol{C}_i} \| x - \boldsymbol{\mu}_i \|_2^2 \tag{9.1}$$

式中，$\boldsymbol{\mu}_i$ 为簇 $\boldsymbol{C}_i$ 的均值向量，有时也称为质心，其表达式为

$$\boldsymbol{\mu}_i = \frac{1}{|\boldsymbol{C}_i|} \sum_{x \in \boldsymbol{C}_i} x \tag{9.2}$$

直接求式（9.2）的最小值并不容易，需要采用启发式的迭代方法。*K* – Means 采用的启发式方式很简单，用下面一组图就可以形象地描述。

图 9 – 1（a）表达了初始的数据集，假设 $k = 2$。在图 9 – 2（b）中，首先随机选择两个 k 类所对应的类别质心，即图中的红色质心和蓝色质心；然后分别求样本中所有点到这两个质心的距离，并标记每个样本的类别为与该样本距离最小的质心的类别。如图 9 – 1（c）所示，经过计算样本与红色点质心和蓝色点质心的距离，我们得到了所有样本点的第一轮迭代

后的类别。此时，对当前标记为红色和蓝色的点分别求其新的质心。如图 9－1（d）所示，新的红色质心和蓝色质心的位置已经发生了变动。图 9－1（e）、（f）重复了在图 9－1（c）、（d）的过程，即将所有点的类别标记为距离最近的质心的类别并求新的质心。最终我们得到的两个类别如图 9－1（f）所示。

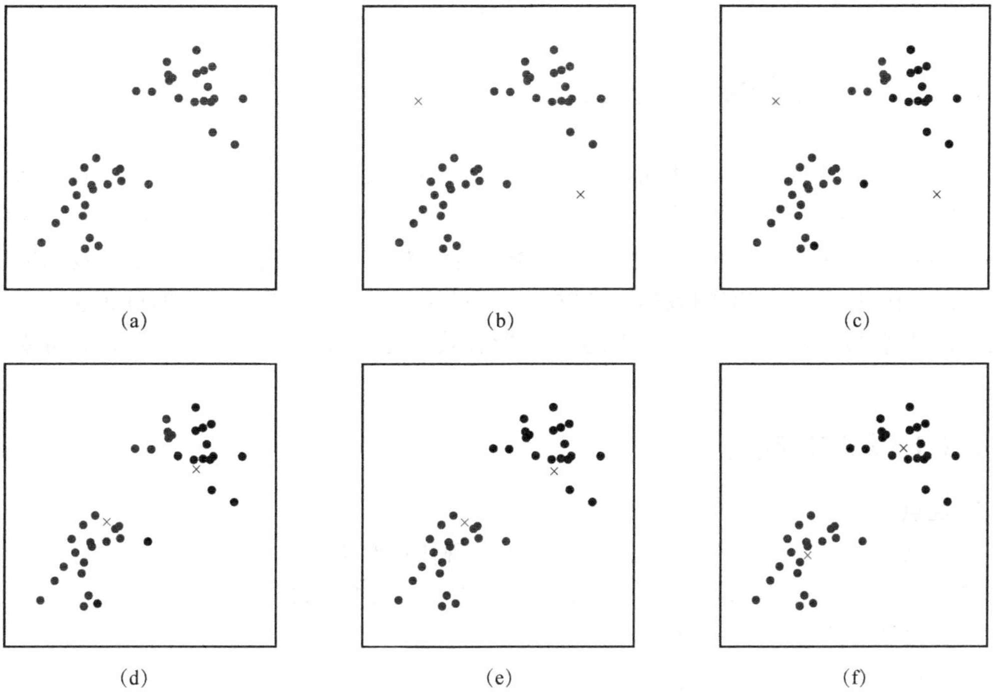

图 9－1　*K*－Means 的启发式方式（见彩插）

9.2　Mean－Shift 聚类

Mean－Shift 聚类是一个基于滑窗的算法，其目的是尝试找到数据点密集的区域。应用领域包括计算机视觉和图像处理中的聚类分析[4]。它是一个基于质心的算法，即它的目标是通过更新中心点候选者定位每个组或类的中心点，将中心点候选者更新为滑窗内点的均值。这些候选滑窗之后会在后处理阶段被过滤来减少邻近的重复点，最后形成了中心点的集合和它们对应的组。

算法 9.2　Mean－Shift 聚类

（1）确定滑动窗口半径 r，以随机选取的中心点为 C、半径为 r 的圆形滑动窗口开始滑动。均值漂移类似一种爬山算法，在每一次迭代中向密度更高的区域移动，直到收敛。

（2）每一次滑动到新的区域，计算滑动窗口内的均值来作为中心点，滑动窗口内点的数量为窗口内的密度。在每一次移动中，窗口会向密度更高的区域移动。

（3）移动窗口，计算窗口内的中心点以及窗口内的密度，直到没有方向在窗口内可以容纳更多的点，即一直移动到圆内密度不再增加为止。

（4）步骤（1）～（3）会产生很多个滑动窗口，当多个滑动窗口重叠时，保留包含最多点的窗口，然后根据数据点所在的滑动窗口进行聚类[5]。

Mean - Shift 聚类的优点如下：

(1) 不同于 *K* - Means 算法，均值漂移聚类算法不需要知道有多少类/组。

(2) 基于密度的算法相比于 *K* - Means 受均值影响较小。

Mean - Shift 聚类的缺点：窗口半径 r 的选择可能是不重要的。

9.3 基于密度的聚类方法

基于密度的聚类方法（Density - Based Spatial Clustering of Applications with Noise, DBSCAN）是一种基于密度的空间聚类算法。它是于 1996 年由 Martin Ester、Hans - Peter Kriegel、Jörg Sander 及 Xiaowei Xu 提出的聚类分析算法[6]。该算法将具有足够密度的区域划分为簇，并在具有噪声的空间数据库中发现任意形状的簇，它将簇定义为密度相连的点的最大集合，可将密度足够大的相邻区域连接，能有效处理异常数据，主要用于对空间数据的聚类。

9.3.1 算法优缺点

1. 优点

(1) 聚类速度快且能够有效处理噪声点和发现任意形状的空间聚类。

(2) 与 *K* - Means 比较起来，不需要输入要划分的聚类个数。

(3) 聚类簇的形状没有偏倚。

(4) 可以在需要时输入过滤噪声的参数。

2. 缺点

(1) 当数据量增大时，要求较大的内存支持且 I/O 消耗也很大。

(2) 当空间聚类的密度不均匀、聚类间距差相差很大时，聚类质量较差，因为这种情况下参数 MinPts 和 Eps 选取困难。

(3) 算法聚类效果依赖于距离公式选取，实际应用中常用欧几里得距离，对于高维数据存在“维数灾难”。

9.3.2 基本概念

(1) Eps 邻域：给定对象半径 Eps 内的邻域称为该对象的 Eps 邻域。

(2) 核心点：如果对象的 Eps 邻域至少包含最小数目 minPts 的对象，则称该对象为核心对象。

(3) 边界点：边界点不是核心点，但落在某个核心点的邻域内。

(4) 噪声点：既不是核心点，也不是边界点的任何点。

(5) 直接密度可达：给定一个对象集合 D，如果 p 在 q 的 Eps 邻域内，而 q 是一个核心对象，则称对象 p 从对象 q 出发时是直接密度可达的。

(6) 密度可达：如果存在一个对象链 $p_1, \cdots, p_i, \cdots, p_n$，满足 $p_1 = p$ 和 $p_n = q$，p_i 是从 p_{i+1} 关于 Eps 和 minPts 直接密度可达的，则对象 p 是从对象 q 关于 Eps 和 minPts 密度可达的。

（7）密度相连：如果存在对象 $O \in D$，使对象 p 和 q 都是从 O 关于 Eps 和 minPts 密度可达的，那么对象 p 到 q 是关于 Eps 和 minPts 密度相连的。

（8）类：为非空集合，满足密度可达且密度相连。

有关核心点、边界点、噪声点以及直接密度可达、密度可达和密度相连解释如图 9-2 所示。

图 9-2 中的红色为核心点，黄色为边界点，蓝色为噪声点，minPts = 4，Eps 是图中圆的半径大小。有关"直接密度可达"和"密度可达"定义的实例如图 9-3 所示。其中，Eps 用一个相应的半径表示，设 minPts = 3。

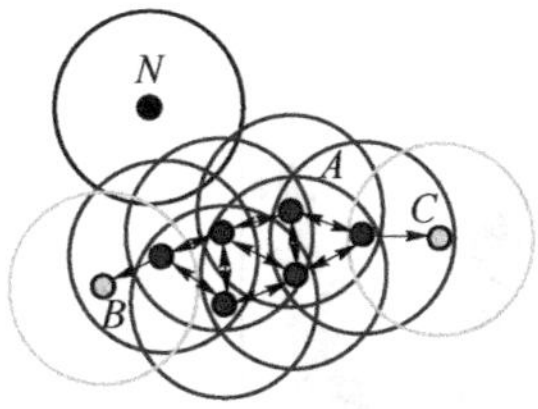

图 9-2 DBSCAN 基本概念（见彩插）

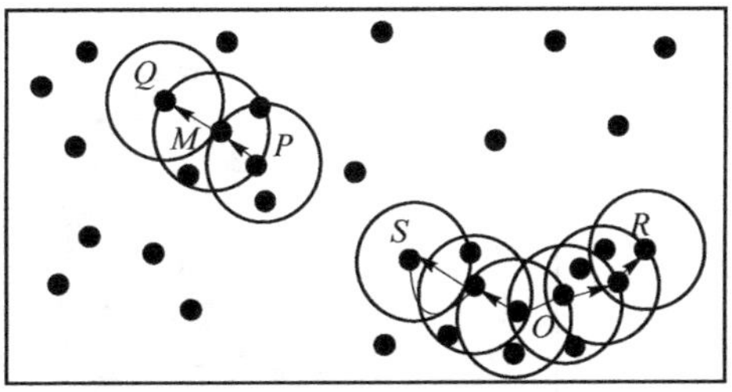

图 9-3 "直接密度可达"和"密度可达"概念示意描述

根据前面基本概念的描述知道：由于有标记的各点 M、P、O 和 R 的 Eps 近邻均包含三个以上的点，因此它们都是核对象；M 是从 P"直接密度可达"；而 Q 则是从 M"直接密度可达"；基于上述结果，Q 是从 P"密度可达"；但 P 从 Q 无法"密度可达"（非对称）。类似地，S 和 R 从 O 是"密度可达"的；O、R 和 S 均是"密度相连"（对称）的。

9.3.3 DBSCAN 算法原理

（1）DBSCAN 通过检查数据集中每点的 Eps 邻域来搜索簇，如果点 p 的 Eps 邻域包含的点多于 minPts 个，则创建一个以 p 为核心对象的簇。

（2）DBSCAN 迭代地聚集从这些核心对象直接密度可达的对象，这个过程可能涉及一些密度可达簇的合并。

（3）当没有新的点添加到任何簇时，该过程结束。

算法 9.3 DBSCAN 算法

输入：数据集 D；给定点在邻域内成为核心对象的最小邻域点数：minPts；邻域半径：Eps；

输出：簇集合。

（1）标记所有对象为 unvisited。

（2）随机选择一个 unvisited 对象 p，标记 p 为 visited。

（3）如果 p 的 ε-邻域内至少有 minPts 个对象，则创建一个新簇 C，并把 p 添加到 C。

（4）令 N 为 p 的 ε-邻域中的对象集合，对于 N 中的每个点 p'，如果 p' 是 unvisited 则标记 p' 为 visited；如果 p' 的 ε-邻域至少有 minPts 个对象，则把这些对象添加到 N；如果 p' 不是任何簇的成员，把 p' 添加到 C，遍历所有的 p' 输出 C。

（5）如果 p 的 ε-邻域内没有 MinPts 个对象，则标记 p 为噪声。

（6）重复步骤（2）~（5），直至没有标记为 unvisited 的对象。

9.4 基于高斯混合模型的期望最大化聚类

K – Means 的一个主要缺点是它简单地使用了集群中心的平均值。如图 9 – 4 所示，可以看到为什么这不是最好的方式。图片的左半边，可以很明显地看到，有两个半径不同的圆形星团以相同的平均值为中心。*K* – Means 不能处理这个问题，因为不同簇的平均值非常接近。当簇不是圆形时，*K* – Means 也会失效，这也是将均值用作簇中心的后果。

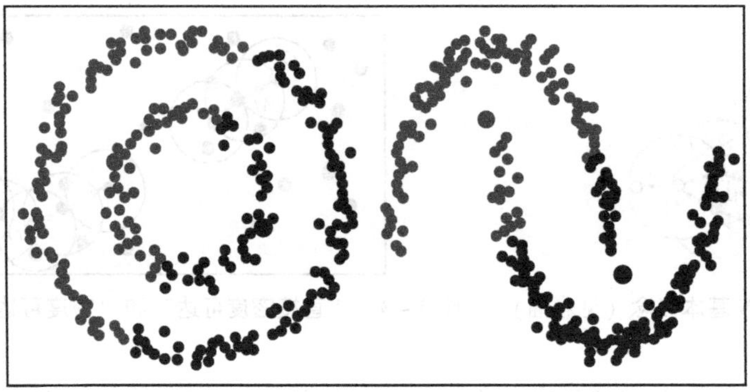

图 9 –4　*K* – Means 不适用的情况

高斯混合模型（Gaussian Mixture Models，GMM）具有比 *K* – Means 更好的灵活性。使用 GMM，需要假设数据点是高斯分布，相对于环形的数据而言，这个假设的严格程度与均值相比弱很多。这样的话，有两个参数来描述簇的形状：均值和标准差。以二维为例，意味着簇可以是任何一种椭圆形（因为有两个标准差在 x 和 y 方向）。因此，每个高斯分布会被分配到单一的聚类簇。

为了在每个聚类簇中找到这两个高斯参数（均值和标准差），将使用的优化算法称为期望最大化（Expectation – Maximization，EM）算法。

算法 9.4　EM 算法

（1）首先设定聚类簇的数量（如 *K* – Means）；然后随机初始化每个集群的高斯分布参数，也可以通过快速查看数据来为初始参数提供一个很好的猜测。

（2）给定每个簇的高斯分布，计算每个数据点属于特定簇的概率。一个点越靠近高斯中心，它就越可能属于该簇。这应该是直观的，因为对于高斯分布，假设大多数数据都靠近集群的中心。

（3）基于这些概率，我们为高斯分布计算了一组新的参数，这样就可以最大化集群中数据点的概率。使用数据点位置的加权和计算这些新参数，其中权重是属于特定集群的数据点的概率。

（4）重复第（2）步和第（3）步，直到收敛，也就是在收敛过程中迭代变化不大。

使用 GMM 有两个关键优势。首先，GMM 在簇协方差方面比 *K* – Means 灵活得多；由于标准偏差参数的存在，簇可以呈现任何椭圆形状，而不局限于圆形。*K* – Means 实际上是 GMM 的一个特例，其中每个簇的所有维的协方差都接近于 0。然后，由于 GMM 使用概率，因此每个数据点可以有多个集群。因此，如果一个数据点位于两个重叠集群的中间，我们可以简单地定义它的类，方法是它属于类 1 的概率是 *X*% ，属于类 2 的概率是 *Y*% ，即 GMM 支持混合成员。

9.5 聚类算法在睡眠分期中的应用

9.5.1 *K* – Means 方法

K – Means 算法原理的实现代码如下：

```
import numpy as np
class KMeans(object):
    """
#参数
        n_clusters:
聚类个数,即 k
        initCent:
            质心初始化方式,可选"random"或指定一个具体的 array,默认 random,即随机初始化
        max_iter:
最大迭代次数
    """
    def _init_(self,n_clusters =5,initCent ='random',max_iter =300):
        if hasattr(initCent, '_array_'):
            n_clusters = initCent.shape[0]
            self.centroids = np.asarray(initCent, dtype =np.float)
        else:
            self.centroids = None
        self.n_clusters = n_clusters
        self.max_iter = max_iter
        self.initCent = initCent
        self.clusterAssment = None
        self.labels = None
        self.sse = None
    #计算两点的欧式距离
    def _distEclud(self, vecA, vecB):
        return np.linalg.norm(vecA - vecB)
    #随机选取 k 个质心,必须在数据集的边界内
    def _randCent(self, X, k):
        n =X.shape[1]                 #特征维数
        centroids = np.empty((k,n))#k×n 的矩阵,用于存储质心
        for j in range(n):           #产生 k 个质心,一维一维地随机初始化
            minJ = min(X[:,j])
```

```
            rangeJ = float(max(X[:,j]) - minJ)
            centroids[:,j] = (minJ + rangeJ * np.random.rand(k,1)).flatten()
        return centroids
    def fit(self, X):
        #类型检查
        if not isinstance(X,np.ndarray):
            try:
                X = np.asarray(X)
            except:
                raise TypeError("numpy.ndarray required for X")
        m = X.shape[0]                                  #m代表样本数量
        self.clusterAssment = np.empty((m,2))  #m×2 的矩阵,第一列存储样本点所属的族的索引值,
        #第二列存储该点与所属簇的质心的平方误差
        if self.initCent == 'random':
            self.centroids = self._randCent(X, self.n_clusters)
        clusterChanged = True
        for _ in range(self.max_iter):
            clusterChanged = False
            for i in range(m):#将每个样本点分配到离它最近的质心所属的簇
                minDist = np.inf; minIndex = -1
                for j in range(self.n_clusters):
                    distJI = self._distEclud(self.centroids[j,:],X[i,:])
                    if distJI < minDist:
                        minDist = distJI; minIndex = j
                if self.clusterAssment[i,0] != minIndex:
                    clusterChanged = True
                    self.clusterAssment[i,:] = minIndex,minDist**2

            if not clusterChanged:#若所有样本点所属的族都不改变,则已收敛,结束迭代
                break
            for i in range(self.n_clusters):#更新质心,即将每个族中的点的均值作为质心
                ptsInClust = X[np.nonzero(self.clusterAssment[:,0] == i)[0]] #取出属于第 i 个族的所有点
                self.centroids[i,:] = np.mean(ptsInClust, axis=0)

        self.labels = self.clusterAssment[:,0]
        self.sse = sum(self.clusterAssment[:,1])
    def predict(self,X):#根据聚类结果,预测新输入数据所属的族
        #类型检查
        if not isinstance(X,np.ndarray):
            try:
```

```
                X = np.asarray(X)
            except:
                raise TypeError("numpy.ndarray required for X")
        m = X.shape[0]                    #m代表样本数量
        preds = np.empty((m,))
        for i in range(m):                #将每个样本点分配到离它最近的质心所属的族
            minDist = np.inf
            for j in range(self.n_clusters):
                distJI = self._distEclud(self.centroids[j,:],X[i,:])
                if distJI < minDist:
                    minDist = distJI
                    preds[i] = j
        return preds
```

把上述文件保存成 kmeans. py 文件，然后调用上述函数进行聚类。质心初始化方式为随机初始化，最大迭代次数设置为 100，并利用 matplotlib 画出聚类结果如下：

```
import pandas as pa
X,y = pd.read_csv("inputfile")                    #读取输入特征和标签
X.shape                                           #假设有两个特征,比如平均值和标签
y.shape                                           #对应每个样本的真实标签
import numpy as np
import matplotlib.pyplot as plt
from kmeans import KMeans
clf = KMeans(n_clusters =10,initCent ='random',max_iter =100)
clf.fit(X)
cents = clf.centroids                             #质心
labels = clf.labels                               #样本点被分配到的簇的索引
sse = clf.sse
#画出聚类结果,每一类用一种颜色
colors = ['b','g','r','k','c']
n_clusters = 5
for i in range(n_clusters):
    index = np.nonzero(labels = =i)[0]
    x0 = X[index,0]
    x1 = X[index,1]
    y_i = y[index]
    for j in range(len(x0)):
        plt.text(x0[j],x1[j],str(int(y_i[j])),color =colors[i],\
                fontdict ={'weight': 'bold', 'size': 9})
    plt.scatter(cents[i,0],cents[i,1],marker ='x',color = colors[i], linewidths =12)
plt.title("SSE ={:.2f}".format(sse))
plt.axis([-30,30,-30,30])
plt.show()
```

9.5.2 DBSCAN 方法

通过调用 sklearn 库，使用 DBSCAN 方法将睡眠数据分成五类。

DBSCAN 方法实现代码如下：

```
import numpy as np
from sklearn.cluster import DBSCAN
import glob
import sys
sys.path.insert(0,"lib")
import xlrd
from dtw import dtw
import sklearn.cluster as skc                    # 密度聚类
from sklearn import metrics                      # 评估模型
import matplotlib.pyplot as plt                  # 可视化绘图
def get_index(x):
    index = []
    for i in range(len(x)):
        if x[i] == -1:
            index.append(i)
        else:
            pass
    return index
#按标签划分不同类数据
class0_data = []
class1_data = []
class2_data = []
class3_data = []
class4_data = []
class5_data = []
class6_data = []
for k in range(0,len(labels_true)):              # 遍历标签数据集
    if labels_true[k] == 0:
        class0_data.append(data[k])              # 标签为 0,存入 class0_data
    elif labels_true[k] == 1:
        class1_data.append(data[k])              # 标签为 1,存入 class1_data
    elif labels_true[k] == 2:
        class2_data.append(data[k])              # 标签为 2,存入 class2_data
    elif labels_true[k] == 3:
        class3_data.append(data[k])              # 标签为 3,存入 class3_data
    elif labels_true[k] == 4:
        class4_data.append(data[k])              # 标签为 4,存入 class4_data
    elif labels_true[k] == 5:
```

```
        class5_data.append(data[k])    #标签为5,存入class5_data
X = np.array(class0_data)
#DBSCAN 聚类方法 还有参数,matric = ""距离计算方法,经过实验180,25 比较合适
db = skc.DBSCAN(eps =180, min_samples =25).fit(X)
labels = db.labels_  #与X同一个维度,labels对应索引序号的值为所在簇的序号。若簇编号为 -1,表示为噪声
print('每个样本的簇标号:')
print(labels)
raito = len(labels[labels[:] = = -1]) /len(labels)#计算噪声点个数占总数的比例
print('噪声比:', format(raito, '.2%'))
n_clusters_ = len(set(labels)) - 1
print('分簇的数目: % d' % n_clusters_)
print("轮廓系数: % 0.3f" % metrics.silhouette_score(X, labels)) #轮廓系数评价聚类的好坏
for i in range(n_clusters_):
    print('簇', i, '的所有样本:')
    one_cluster = X[labels = = i]
    print(one_cluster)
    plt.plot(one_cluster[:,1],'o')
    one_cluster = X[labels = = -1]
    plt.plot(one_cluster[:, 1],'v')
plt.show()
for i in range(len(labels)):
    if labels[i] = = 0:
        #plt.plot(i, X[:, 1][i],'o','r')
        p1 = plt.scatter(i, X[:, 1][i], marker ='o', color = 'b', label ='normal', s = 10)
    elif labels[i] = = -1:
        #plt.plot(i, X[:, 1][i], 'v','b')
        p2 = plt.scatter(i, X[:, 1][i], marker ='v', color ='r', label ='discrete', s =25)
plt.title('DBscan stage W')
plt.xlabel('epochs')
plt.ylabel('feature[1]')
plt.legend(handles =[p1, p2], labels =['normal', 'discret'])
plt.show()
#使用黑色标注离散点
core_samples_mask = np.zeros_like(db.labels_, dtype =bool)#设置一个样本个数长度的全false向量
core_samples_mask[db.core_sample_indices_] = True  #将核心样本部分设置为true
unique_labels = set(labels)
```

```
colors = [plt.cm.Spectral(each)for each in np.linspace(0, 1, len(unique_labels))]
for k, col in zip(unique_labels, colors):
    if k == -1: # 聚类结果为 -1 的样本为离散点
        #使用黑色绘制离散点
        col = [0, 0, 0, 1]
    class_member_mask = (labels == k) # 将所有属于该聚类的样本位置置为 true
    xy = X[class_member_mask & core_samples_mask] # 将所有属于该类的核心样本取出,使用大图标绘制
    plt.plot(xy[:, 0], xy[:, 1],'o', markerfacecolor=tuple(col),markeredgecolor='k', markersize=14)
    xy = X[class_member_mask & ~core_samples_mask] # 将所有属于该类的非核心样本取出,使用小图标绘制
    plt.plot(xy[:, 0], xy[:, 1],'o', markerfacecolor=tuple(col), markeredgecolor='k', markersize=6)
plt.title('Estimated number of clusters: %d' % n_clusters_)
plt.show()
```

参考文献

[1] 刘奎. 基于卷积神经网络的视频流行度趋势预测 [D]. 湘潭：湘潭大学，2018.

[2] 赵周华，李腾飞. 中国农村人口老龄化的区域差异分析——基于聚类方法的实证检验 [J]. 云南农业大学学报：社会科学版，2019 (01)：41-47.

[3] 张春燕. RDPSO 算法与 K-Means 聚类算法相结合的混合集群技术 [J]. 安阳师范学院学报，2018，5：12.

[4] 王贺. 融合智能算法的布料仿真建模研究 [D]. 太原：中北大学，2019.

[5] Comaniciu D, Meer P, Mean shift: A robust approach toward feature space analysis [J]. IEEE Transactions on Pattern Analysis and Machine Intelligence, 2002, 24 (5): 603-619.

[6] Ester M, Kriegel H P. Sander J, et al. A density-based algorithm for discovering clusters in large spatial databases with noise [C] // Proceedings of the Second International Conference on Knowledge Discovery and Data Mining (KDD-96). Cambridge: AAAI Press; 1996: 226-231.

第 10 章　主成分分析

在许多领域的研究与应用中，往往需要对反映事物的多个变量进行大量的观测，收集大量数据以便进行分析寻找规律。多变量大样本无疑会为研究和应用提供丰富的信息，但是也在一定程度上增加了数据采集的工作量，更重要的是在多数情况下，许多变量之间可能存在相关性，从而增加了问题分析的复杂性，给分析带来不便。如果分别对每个指标进行分析，那么分析往往是孤立的而不是综合的。盲目减少指标则会损失很多信息，容易产生错误的结论。

因此，需要找到一个合理的方法，在减少需要分析指标的同时，尽量减少原指标包含信息的损失，以达到对所收集数据进行全面分析的目的。由于各变量间存在一定的相关关系，因此可以用较少的变量来表征大部分的信息。主成分分析就属于这类降维的方法。

10.1　数据降维

为了说明什么是数据的主成分，先从数据降维说起。假设三维空间中有一系列点，这些点分布在一个过原点的斜面上，如果用自然坐标系 xyz 的三个轴表示这组数据，需要使用三个维度。事实上，这些点的分布仅仅是在一个二维的平面上。如果把 x，y，z 坐标系旋转一下，就能使数据所在平面与 xOy 平面重合。如果把旋转后的坐标系记为 $x'\,y'\,z'$ 那么这组数据只用 x' 和 y' 两个维度表示即可，这样就能把数据维度降下来了。当然，如果想恢复原来的表示方式，就需要知道两组坐标之间的变换矩阵。但是要看到这个过程的本质，如果把这些数据按行或者按列排成一个矩阵，那么这个矩阵的秩就是 2。这些数据之间是有相关性的，这些数据构成的过原点的向量的最大线性无关组包含两个向量，这就是为什么一开始就假设平面过原点的原因。那么如果平面不过原点呢？这时就需要将数据中心化。将坐标原点平移到数据中心，这样原本不相关的数据在这个新坐标系中就有相关性了。有趣的是，三点一定共面，也就是说三维空间中任意三点中心化后都是线性相关的。一般来讲，n 维空间中的 n 个点一定能在一个 $n-1$ 维子空间中分析。

在上一段中，我们可以认为数据降维后并没有丢弃任何东西，因为这些数据在平面以外的第三个维度的分量都为 0。现在假设这些数据在 z' 轴有一个很小的抖动，那么仍然可以用上述的二维表示这些数据，理由是我们可以认为这两个轴的信息是数据的主成分，而这些信息对于我们的分析已经足够了，z' 轴上的抖动很有可能是噪声，也就是说本来这组数据是有相关性的，由于噪声的引入导致了数据不完全相关。

主成分分析的思想：将 n 维特征映射到 k 维上（$k<n$），这 k 维是全新的正交特征。这 k 维特征称为主成分，是重新构造出来的 k 维特征，而不是简单地从 n 维特征中去除其余 $n-k$ 维特征。

10.2 主成分分析原理

主成分分析（Principal Component Analysis，PCA）原理，即主成分分析方法，是一种使用最广泛的数据降维算法。关于 PCA 的最早文献来自 Pearson[1] 和 Hotelling[2]。但是直到数十年后电子计算机的广泛使用，才将其应用于较大数据集上进行计算。PCA 的工作就是从原始的空间中顺序地找一组相互正交的坐标轴，新的坐标轴的选择与数据本身是密切相关的。其中，第一个新坐标轴选择是原始数据中方差最大的方向，第二个新坐标轴选取是与第一个坐标轴正交的平面中方差最大的方向，第三个轴是与第一个和第二个轴正交的平面中方差最大的[3]。依次类推，可以得到 n 个这样的坐标轴。我们发现，通过这种方式获得的新的坐标轴，大部分方差都包含在前面 k 个坐标轴中，后面的坐标轴所含的方差几乎为 0。于是，可以忽略余下的坐标轴，只保留前面 k 个含有绝大部分方差的坐标轴。事实上，这相当于只保留包含绝大部分方差的维度特征，而忽略包含方差几乎为 0 的特征维度，实现对数据特征的降维处理。

10.2.1 PCA 的理论推导

假设有二维数据，即只有两个变量，它们由横坐标和纵坐标所代表，如图 10－1 所示，因此每个观测值都有相应于这两个坐标轴的两个坐标值；如果这些数据形成一个椭圆形状的点阵，那么这个椭圆有一个长轴和一个短轴，在短轴方向上，数据变化很小；如果在极端的情况，短轴退化成一点，那只有在长轴的方向才能够解释这些点的变化，这样由二维到一维的降维就自然完成了。

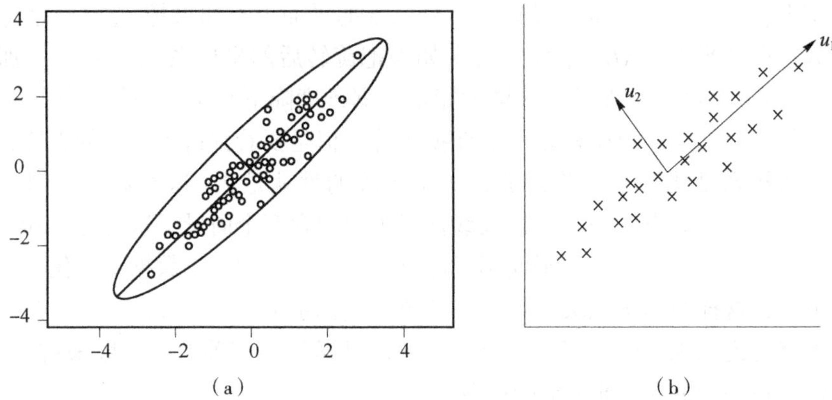

图 10－1 PCA 推导

在图 10－1 中，u_1 就是主成分方向，然后在二维空间中取与 u_1 方向正交的方向，就是 u_2 的方向。则 n 个数据在 u_1 轴的离散程度最大，即方差最大，数据在 u_1 上的投影代表了原始数据的绝大部分信息，即使不考虑 u_2，信息损失也不多。而且 u_1，u_2 不相关。只考虑 u_1 时，二维降为一维。

PCA 有两种通俗易懂的解释：①最大方差理论；②最小化降维造成的损失。这两个思路都能推导出同样的结果，这里只介绍最大方差理论。

在信号处理中认为信号具有较大的方差，噪声有较小的方差，信噪比就是信号与噪声的方差比，越大越好。如图 10 - 1 所示，样本在 u_1 上的投影方差较大，在 u_2 上的投影方差较小，那么可认为 u_2 上的投影是由噪声引起的。

因此我们认为，最好的 k 维特征是将 n 维样本点转换为 k 维后，每一维上的样本方差都很大。例如，将图 10 - 2 中的 5 个点投影到某一维上，这里用一条过原点的直线表示（数据已经中心化）。

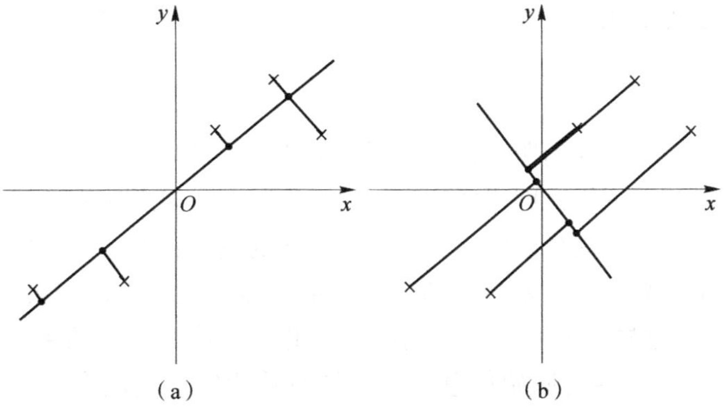

图 10 - 2　两种不同方式的投影图

假设选择两条不同的直线做投影，那么左右两条中哪个好呢？根据之前的方差最大化理论，左边的好，因为投影后的样本点之间方差最大，也可以说是投影的绝对值之和最大。计算投影的方法如图 10 - 3 所示。

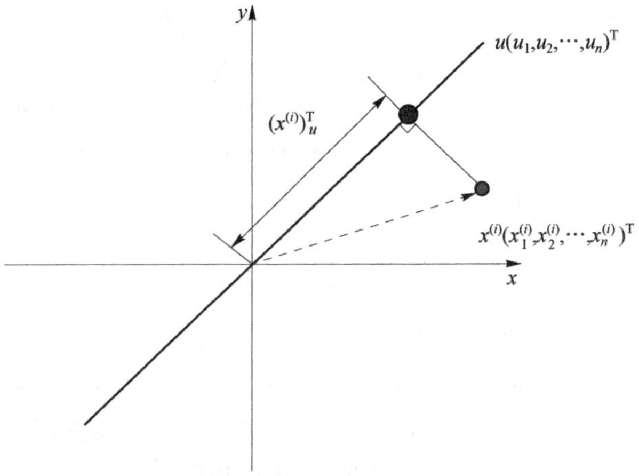

图 10 - 3　投影的方法

在图 10 - 3 中，小点表示样例，大点表示在 u 上的投影，u 是直线的斜率也是直线的方向向量，而且是单位向量。大点是在 u 上的投影点，离原点的距离是 $<x, u>$。

10.2.2　方差、协方差及协方差矩阵

1. 方差

前面已经介绍过，希望投影后的投影值尽可能分散，而这种分散程度可以用数学上的方差来表述。此处，一个字段的方差可以看做是每个元素与字段均值的差的平方再求均值，即

$$\mathrm{Var}(a)=\frac{1}{m}\sum_{i=1}^{m}(a_i-\mu)^2 \tag{10.1}$$

由于上面已经将每个字段的均值都化为0了，因此方差可以直接用每个元素的平方和除以元素个数表示：

$$\mathrm{Var}(a)=\frac{1}{m}\sum_{i=1}^{m}a_i^2 \tag{10.2}$$

于是上面的问题可形式化表述为：寻找一个一维基，使所有数据变换为这个基上的坐标表示后，方差值最大。

2. 协方差

对于上面二维降成一维的问题来说，找到那个使方差最大的方向就可以了。不过对于更高维，还有一个问题需要解决，即考虑三维降到二维问题。与之前相同，首先希望找到一个方向使得投影后方差最大，这样就完成了第一个方向的选择；然后选择第二个投影方向。

如果我们还是单纯只选择方差最大的方向，很明显，这个方向与第一个方向应该“几乎重合在一起”，显然这样的维度是没有用的。因此，应该有其他约束条件。从直观上说，让两个字段尽可能表示更多的原始信息，我们是不希望它们之间存在（线性）相关性的，因为相关性意味着两个字段不是完全独立，必然存在重复表示的信息。

数学上可以用两个字段的协方差表示其相关性，由于已经让每个字段均值为0，则

$$\mathrm{Cov}(a,b)=\frac{1}{m}\sum_{i=1}^{m}a_ib_i \tag{10.3}$$

由式（10.3）可以看到，在字段均值为0的情况下，两个字段的协方差简洁地表示为其内积除以元素数m。当协方差为0时，表示两个字段完全独立。为了让协方差为0，选择第二个基时只能在与第一个基正交的方向上选择。因此最终选择的两个方向一定是正交的。

至此，我们得到了降维问题的优化目标：将一组n维向量降为k维（$0<k<n$），其目标是选择k个单位（模为1）正交基，使原始数据变换到这组基上后，各字段两两间协方差为0，而字段的方差则尽可能大（在正交的约束下，取最大的k个方差）。

3. 协方差矩阵

上面推导出了优化目标，但是这个目标似乎不能直接作为操作指南（或者说算法），因为它只说要什么，但没有说怎么做，所以我们在此继续研究计算方案。我们看到，最终要达到的目的与字段内方差及字段间协方差有密切关系。因此我们希望能将两者统一表示，仔细观察发现，两者均可以表示为内积的形式，而内积又与矩阵相乘密切相关。

假设只有a和b两个字段，那么将它们按行组成矩阵$\boldsymbol{X}$：

$$\boldsymbol{X}=\begin{pmatrix}a_1 & a_2 & \cdots & a_m\\ b_1 & b_2 & \cdots & b_m\end{pmatrix} \tag{10.4}$$

然后用$\boldsymbol{X}$乘以$\boldsymbol{X}$的转置，并乘上系数$1/m$，即

$$\frac{1}{m}\boldsymbol{X}\boldsymbol{X}^{\mathrm{T}}=\begin{pmatrix}\dfrac{1}{m}\sum\limits_{i=1}^{m}a_i^2 & \dfrac{1}{m}\sum\limits_{i=1}^{m}a_ib_i\\ \dfrac{1}{m}\sum\limits_{i=1}^{m}a_ib_i & \dfrac{1}{m}\sum\limits_{i=1}^{m}b_i^2\end{pmatrix} \tag{10.5}$$

这个矩阵对角线上的两个元素分别是两个字段的方差，而其他元素是 a 和 b 的协方差，两者被统一到了一个矩阵。根据矩阵相乘的运算法则，这个结论很容易被推广到一般情况。

假设有 m 个 n 维数据记录，将其按列排成 $n \times m$ 的矩阵 $\boldsymbol{X}$，设 $\boldsymbol{C}=1/m\boldsymbol{X}\boldsymbol{X}^{\mathrm{T}}$，则 $\boldsymbol{C}$ 是一个对称矩阵，其对角线分别是各个字段的方差，而第 i 行第 j 列和第 j 行第 i 列元素相同，表示 i 和 j 两个字段的协方差。

4. 协方差矩阵对角化

根据上述推导，我们发现要达到优化目的，等价于将协方差矩阵对角化，即除对角线外的其他元素化为 0，并且在对角线上将元素按大小从上到下排列，这样就达到了优化目的。下面我们进一步看原矩阵与基变换矩阵协方差的关系。设原始数据矩阵 $\boldsymbol{X}$ 对应的协方差矩阵为 $\boldsymbol{C}$，而 $\boldsymbol{P}$ 是由一组基按行排列成的矩阵，设 $\boldsymbol{Y}=\boldsymbol{P}\boldsymbol{X}$，则 $\boldsymbol{Y}$ 为 $\boldsymbol{X}$ 对 $\boldsymbol{P}$ 做基变换后的数据。设 $\boldsymbol{Y}$ 的协方差矩阵为 $\boldsymbol{D}$，下面推导 $\boldsymbol{D}$ 与 $\boldsymbol{C}$ 的关系：

$$
\begin{aligned}
\boldsymbol{D} &= \frac{1}{m}\boldsymbol{Y}\boldsymbol{Y}^{\mathrm{T}} \\
&= \frac{1}{m}(\boldsymbol{P}\boldsymbol{X})(\boldsymbol{P}\boldsymbol{X})^{\mathrm{T}} \\
&= \frac{1}{m}\boldsymbol{P}\boldsymbol{X}\boldsymbol{X}^{\mathrm{T}}\boldsymbol{P}^{\mathrm{T}} \\
&= \boldsymbol{P}\left(\frac{1}{m}\boldsymbol{X}\boldsymbol{X}^{\mathrm{T}}\right)\boldsymbol{P}^{\mathrm{T}} \\
&= \boldsymbol{P}\boldsymbol{C}\boldsymbol{P}^{\mathrm{T}}
\end{aligned}
$$

我们需要找到能让原始协方差矩阵对角化的 $\boldsymbol{P}$。换句话说，优化目标变成了寻找一个矩阵 $\boldsymbol{P}$，满足 $\boldsymbol{P}\boldsymbol{C}\boldsymbol{P}^{\mathrm{T}}$ 是一个对角矩阵，并且对角元素按从大到小依次排列，那么 $\boldsymbol{P}$ 的前 k 行就是要寻找的基，用 $\boldsymbol{P}$ 的前 k 行组成的矩阵乘以 $\boldsymbol{X}$ 就使得 $\boldsymbol{X}$ 从 n 维降到了 k 维并满足上述优化条件。

由上面的分析可知，协方差矩阵 $\boldsymbol{C}$ 是一个是对称矩阵，在线性代数上，实对称矩阵有以下两个非常好的性质：

（1）实对称矩阵不同特征值对应的特征向量必然正交。

（2）设特征向量 $\boldsymbol{\lambda}$ 重数为 r，则必然存在 r 个线性无关的特征向量对应于 $\boldsymbol{\lambda}$，因此可以将这 r 个特征向量单位正交化。

由上面两条可知，一个 n 行 n 列的实对称矩阵一定可以找到 n 个单位正交特征向量，设这 n 个特征向量为 $e_1,e_2,\cdots,e_n$，将其按列组成矩阵：

$$
\boldsymbol{E}=(e_1 \quad e_2 \quad \cdots \quad e_n)
$$

则对协方差矩阵 $\boldsymbol{C}$ 有如下结论：

$$
\boldsymbol{E}^{\mathrm{T}}\boldsymbol{C}\boldsymbol{E}=\boldsymbol{\Lambda}=\begin{pmatrix} \lambda_1 & & & \\ & \lambda_2 & & \\ & & \ddots & \\ & & & \lambda_n \end{pmatrix} \tag{10.6}
$$

式中，$\boldsymbol{\Lambda}$ 为对角矩阵，其对角元素为各特征向量对应的特征值（可能有重复）。以上结论没有给出严格的数学证明，对证明感兴趣的读者可以参考《线性代数》书籍中关于“实对称矩阵对角化”的内容。到这里，我们已经找到了需要的矩阵 $\boldsymbol{P}$：

$$\boldsymbol{P}=\boldsymbol{E}^{\mathrm{T}} \tag{10.7}$$

式中，$\boldsymbol{P}$ 是协方差矩阵的特征向量单位化后按行排列出的矩阵，其中每一行都是 $\boldsymbol{C}$ 的一个特征向量。如果设 $\boldsymbol{P}$ 按照 $\boldsymbol{\Lambda}$ 中特征值从大到小将特征向量从上到下排列，则用 $\boldsymbol{P}$ 的前 k 行组成的矩阵乘以原始数据矩阵 $\boldsymbol{X}$，就得到了我们需要的降维后的数据矩阵 $\boldsymbol{Y}$。

10.3 PCA 算法示例

PCA 降维步骤如下：

（1）一般选择一行数据为一个特征，对每个特征求平均值，用原来的数据减去平均值得到新的中心化之后的数据。

（2）求解特征协方差矩阵。

（3）根据协方差矩阵，求特征值与特征向量。

（4）对特征值按照降序的顺序排列，相应的也给出特征向量，选择几个主成分，求解投影矩阵。

（5）根据投影矩阵求出降维后的数据

算法 10.1　PCA 算法

设有 m 条 n 维数据。

（1）将原始数据按列组成 n 行 m 列矩阵 $\boldsymbol{X}$。

（2）将 $\boldsymbol{X}$ 的每一行（代表一个属性字段）进行零均值化，即减去这一行的均值。

（3）求出协方差矩阵 $\boldsymbol{C}=1/m\boldsymbol{X}\boldsymbol{X}^{\mathrm{T}}$。

（4）求出协方差矩阵的特征值及对应的特征向量。

（5）将特征向量按对应特征值大小从上到下按行排列成矩阵，取前 k 行组成矩阵 $\boldsymbol{P}$。

（6）$\boldsymbol{Y}=\boldsymbol{P}\boldsymbol{X}$ 即降维到 k 维后的数据

给定一个二维数组：

$$\begin{pmatrix} -1 & -1 & 0 & 2 & 0 \\ -2 & 0 & 0 & 1 & 1 \end{pmatrix}$$

用 PCA 方法将这组二维数据降到一维。因为这个矩阵的每行已经是零均值，这里直接求协方差矩阵：

$$\boldsymbol{C}=\frac{1}{5}\begin{pmatrix} -1 & -1 & 0 & 2 & 0 \\ -2 & 0 & 0 & 1 & 1 \end{pmatrix}\begin{pmatrix} -1 & -2 \\ -1 & 0 \\ 0 & 0 \\ 2 & 1 \\ 0 & 1 \end{pmatrix}=\begin{pmatrix} \frac{6}{5} & \frac{4}{5} \\ \frac{4}{5} & \frac{6}{5} \end{pmatrix}$$

然后求其特征值和特征向量，具体求解方法不再详述，可以参考相关资料。求解后特征值为

$$\lambda_1=2,\lambda_2=2/5$$

其对应的特征向量分别为

$$c_1\begin{pmatrix} 1 \\ 1 \end{pmatrix},c_2\begin{pmatrix} -1 \\ 1 \end{pmatrix}$$

其中对应的特征向量是通解，c_1 和 c_2 可取任意实数。那么标准化后的特征向量为

$$\begin{pmatrix}1/\sqrt{2}\\1/\sqrt{2}\end{pmatrix},\begin{pmatrix}-1/\sqrt{2}\\1/\sqrt{2}\end{pmatrix}$$

因此，矩阵 $\boldsymbol{P}$ 可表示为

$$\boldsymbol{P}=\begin{pmatrix}1/\sqrt{2} & 1/\sqrt{2}\\-1/\sqrt{2} & 1/\sqrt{2}\end{pmatrix}$$

可以验证协方差矩阵 $\boldsymbol{C}$ 的对角化：

$$\begin{aligned}\boldsymbol{PCP}^{\mathrm{T}}&=\begin{pmatrix}1/\sqrt{2} & 1/\sqrt{2}\\-1/\sqrt{2} & 1/\sqrt{2}\end{pmatrix}\begin{pmatrix}6/5 & 4/5\\4/5 & 6/5\end{pmatrix}\begin{pmatrix}1/\sqrt{2} & -1/\sqrt{2}\\1/\sqrt{2} & 1/\sqrt{2}\end{pmatrix}\\&=\begin{pmatrix}2 & 0\\0 & 2/5\end{pmatrix}\end{aligned}$$

最后，用 $\boldsymbol{P}$ 的第一行乘以数据矩阵，就得到了降维后的表达式：

$$\begin{aligned}\boldsymbol{Y}&=\begin{pmatrix}1/\sqrt{2} & 1/\sqrt{2}\end{pmatrix}\begin{pmatrix}-1 & -1 & 0 & 2 & 0\\-2 & 0 & 0 & 1 & 1\end{pmatrix}\\&=\begin{pmatrix}-3/\sqrt{2} & -1/\sqrt{2} & 0 & 3/\sqrt{2} & -1/\sqrt{2}\end{pmatrix}\end{aligned}$$

降维投影结果如图 10－4 所示。

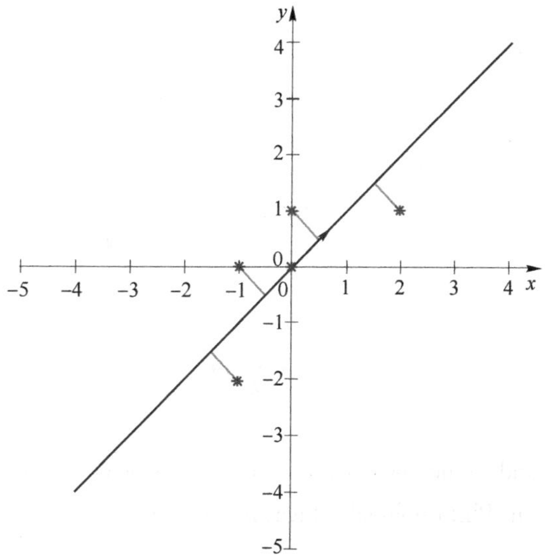

图 10－4　降维投影结果

10.4　PCA 在睡眠分期中的应用

利用 PCA 把提取后的特征维度降到二维。

实现代码如下：

```
import numpy as np
def pca(X,k):                                   #k是我们想要的主成分个数
    # 求特征的均值
    n_samples, n_features = X.shape
    mean = np.array([np.mean(X[:,i])for i in range(n_features)])
    # 归一化
    norm_X = X - mean
    scatter_matrix = np.dot(np.transpose(norm_X),norm_X)
    # 计算特征向量和特征值
    eig_val, eig_vec = np.linalg.eig(scatter_matrix)
    eig_pairs = [(np.abs(eig_val[i]), eig_vec[:,i]) for i in range(n_features)]
# 对特征值进行排序
    eig_pairs.sort(reverse = True)
    # 选出前k个特征向量
    feature = np.array([ele[1]for ele in eig_pairs[:k]])
    data = np.dot(norm_X,np.transpose(feature))
    return data
from sklearn.decomposition import PCA
inputfile = open("inputfilepath")
X = np.array(inputfile)
pca = PCA(n_components = 2)                     #降到二维
pca.fit(X)                                      #训练
newX = pca.transform(X)
print(pca.explained_variance_ratio_)            #输出贡献率
print(newX)                                     #输出降维后的数据
pca(X,1)
```

参考文献

[1] Pearson K. On lines and planes of closest fit to systems of points in space [J]. The London, Edinburgh, and Dablin Philosophical Magazine and Journal of Science, 1901, 2 (11): 559 -572.

[2] Hotelling H. Analysis of a complex of statistical variables into principal components [J]. Journal of Educational Psychology, 1933, 24: 417 -441.

[3] 刘哲，周天，彭东东，等. 一种改进的基于PCA的ICP点云配准算法研究 [J]. 黑龙江大学自然科学学报, 2019, 4: 15.

第 11 章　其他数据挖掘算法

11.1　隐马尔可夫模型

隐马尔可夫模型（Hidden Markov Model，HMM）是统计模型，用来描述一个含有隐含未知参数的马尔可夫过程。其难点是从可观察的参数中确定该过程的隐含参数，然后利用这些参数做进一步的分析。HMM 主要应用于强化学习和时间模式识别，如手势识别[1]、词性标记和生物信息学[2]。

11.1.1　什么样的问题需要 HMM

首先介绍什么样的问题可以用 HMM。使用 HMM 时我们的问题一般有两个特征：①问题是基于序列的，如时间序列或者状态序列；②问题中有两类数据，一类序列数据是可以观测到的，即观测序列，而另一类数据是不能观测到的，即隐藏状态序列，简称状态序列。具有这两个特征的问题一般可以尝试用 HMM 来解决。这样的问题在实际生活中是很多的。例如，打字写博客，我在键盘上敲出来的一系列字符就是观测序列，而我实际想写的一段话就是隐藏序列，输入法的任务就是从输入的一系列字符中尽可能猜测我要写的一段话，并把最可能的词语放在最前面让我选择，这就可以看做一个 HMM 了。例如，我在和你说话，我发出的一串连续的声音就是观测序列，而我实际要表达的一段话就是状态序列，你大脑的任务就是从这一串连续的声音中判断出我最可能要表达的内容。

从这些示例中可以发现，HMM 无处不在。但是上面的描述并不精确，下面用精确的数学符号表述 HMM。

11.1.2　HMM

1. 马尔可夫过程

马尔可夫过程是一类随机过程，它的原始模型马尔可夫链，由俄国数学家安德烈·马尔可夫（1856—1922）于 1907 年提出。该过程具有如下特性：在已知目前状态（现在）的条件下，它未来的演变（将来）不依赖于它以往的演变（过去）。在现实世界中，有很多过程都是马尔可夫过程，如液体中微粒所做的布朗运动、传染病受感染的人数、车站的候车人数等，都可视为马尔可夫过程。

在马尔可夫性的定义中，“现在”是指固定的时刻，但实际问题中常需把马尔可夫性中的“现在”这个时刻概念推广为“停”时。例如，考察从圆心出发的平面上的布朗运动，要研究首次到达圆周的时刻 τ 以前的事件和以后的事件的条件独立性，这里 τ 为“停”时，并且认为 τ 是“现在”，如果把“现在”推广为停时情形的“现在”，在已知“现在”的条件下，“将来”与“过去”无关，这种特性就称为强马尔可夫性。具有这种性质的马尔可夫过程称为强马尔可夫过程。在相当长的一段时间内，不少人认为马尔可夫过程必然是强马尔可夫过程。首次提出对强马尔可夫性需要严格证明的是 J · L · 杜布。直到 1956 年，才有人找到马尔可夫过程不是强马尔可夫过程的例子。马尔可夫过程理论的进一步发展表明，强马尔可夫过程才是马尔可夫过程真正研究的对象。

一个马尔可夫过程就是指过程中每个状态的转移只依赖于之前的 n 个状态，这个过程被称为一个 n 阶的模型，其中 n 是影响转移状态的数目。最简单的马尔可夫过程就是一阶过程，每一个状态的转移只依赖于其之前的那一个状态。

2. 马尔可夫链

马尔可夫链因安德烈 · 马尔可夫而得名，是数学中具有马尔可夫性质的离散时间随机过程。该过程中，在给定当前知识或信息的情况下，过去（即以前的历史状态）对于预测将来（即以后的未来状态）是无关的。这种性质称为无后效性。时间和状态都是离散的马尔可夫过程称为马尔可夫链，简记为 $X_n = X(n), n = 0,1,2\cdots$。马尔可夫链是随机变量 $X_1, X_2, X_3\cdots$ 的一个数列。这些变量的范围，即它们所有可能取值的集合，被称为“状态空间”，而 X_n 的值则是在时间 n 的状态。如果 X_{n+1} 对于过去状态的条件概率分布仅是 X_n 的一个函数，则这里为过程中的某个状态。上面这个恒等式可以被看作是马尔可夫性质。

马尔可夫在 1906 年首先做出了这类过程，而将此过程一般化到可数无限状态空间的方法是由柯尔莫果洛夫在 1936 年给出的。马尔可夫链在很多应用中发挥了重要作用，例如，谷歌所使用的网页排序算法就是由马尔可夫链定义的。

3. HMM

对于 HMM，首先假设 Q 是所有可能的隐藏状态的集合，V 是所有可能的观测状态的集合，即

$$Q = \{q_1, q_2, \cdots, q_N\}, V = \{v_1, v_2, \cdots, v_M\}$$

式中：N 为可能的隐藏状态数；M 为所有的可能的观察状态数。

对于一个长度为 T 的序列，I 是对应的状态序列，O 是对应的观察序列，即

$$I = \{i_1, i_2, \cdots, i_T\}, O = \{o_1, o_2, \cdots, o_T\}$$

式中，任意一个隐藏状态 $i_t \in Q$；任意一个观察状态 $o_t \in V$。

HMM 做了两个很重要的假设如下：

（1）齐次马尔可夫链假设，即任意时刻的隐藏状态只依赖于它前一个隐藏状态。当然这样假设有点极端，因为很多时候某一个隐藏状态不仅仅只依赖于前一个隐藏状态，可能是前两个或者是前三个。但是，这样假设的好处就是模型简单，便于求解。如果在时刻 t 的隐藏状态是 $i_t = q_i$，在 $t+1$ 时刻的隐藏状态是 $i_{t+1} = q_j$，则从时刻 t 到时刻 $t+1$ 的 HMM 状态转移概率 a_{ij} 可以表示为

$$a_{ij} = P(i_{t+1} = q_j \mid i_t = q_i) \tag{11.1}$$

（2）观测独立性假设，即任意时刻的观察状态仅仅依赖于当前时刻的隐藏状态，这也是一个为了简化模型的假设。如果在时刻 t 的隐藏状态是 $i_t = q_j$，而对应的观察状态为 $o_t = v_k$，则

该时刻观察状态 v_k 在隐藏状态 q_j 下生成的概率为 $b_j(k)$，满足

$$b_j(k) = P(o_t = v_k \mid i_t = q_j) \tag{11.2}$$

这样 $b_j(k)$ 可以组成观测状态生成的概率矩阵 $\boldsymbol{B}$：

$$\boldsymbol{B} = [\,b_j(k)\,]_{N\times M}$$

除此之外，需要一组在 $t=1$ 时刻的隐藏状态概率分布 Π：

$$\Pi = [\,\pi(i)\,]_N, \pi(i) = P(i_1 = q_i)$$

一个 HMM，可以由隐藏状态初始概率分布 Π、状态转移概率矩阵 $\boldsymbol{A}$ 和观测状态概率矩阵 $\boldsymbol{B}$ 决定。Π、$\boldsymbol{A}$ 决定状态序列，$\boldsymbol{B}$ 决定观测序列。因此，HMM 可以由一个三元组 λ 表示为

$$\lambda = (\boldsymbol{A}, \boldsymbol{B}, \Pi) \tag{11.3}$$

11.1.3　一个 HMM 实例

下面用一个简单的实例来描述上面抽象出的 HMM。这是一个盒子与球的模型[3]；假设有三个盒子，每个盒子里都有红色和白色两种球，这三个盒子里球的数量如表 11－1 所示。

表 11－1　球的数量

盒子	1	2	3
红球数	5	4	7
白球数	5	6	3

按照下面的实验方法从盒子里抽球；开始时，从第一个盒子抽球的概率是 0.2，从第二个盒子抽球的概率是 0.4，从第三个盒子抽球的概率是 0.4。以这个概率抽一次球后，将球放回，然后从当前盒子转移到下一个盒子进行抽球。实验规则是：如果当前抽球的盒子是第一个盒子，则以 0.5 的概率仍然留在第一个盒子继续抽球，以 0.2 的概率去第二个盒子抽球，以 0.3 的概率去第三个盒子抽球；如果当前抽球的盒子是第二个盒子，则以 0.5 的概率仍然留在第二个盒子继续抽球，以 0.3 的概率去第一个盒子抽球，以 0.2 的概率去第三个盒子抽球；如果当前抽球的盒子是第三个盒子，则以 0.5 的概率仍然留在第三个盒子继续抽球，以 0.2 的概率去第一个盒子抽球，以 0.3 的概率去第二个盒子抽球。如此下去，直到重复三次，得到一个球的颜色的观测序列：

$$O = \{红, 白, 红\}$$

注意，在这个过程中，观察者只能看到球的颜色序列，却不能看到球是从哪个盒子里取出的。那么按照 11.1.2 节 HMM 的定义，观察集合为

$$V = \{红, 白\}, M = 2$$

状态集合为

$$Q = \{盒子1, 盒子2, 盒子3\}, N = 3$$

而观察序列和状态序列的长度为 3。

初始状态分布为

$$\Pi = (0.2, 0.4, 0.4)^{\mathrm{T}}$$

状态转移概率分布矩阵为

$$A=\begin{pmatrix}0.5 & 0.2 & 0.3\\0.3 & 0.5 & 0.2\\0.2 & 0.3 & 0.5\end{pmatrix}$$

观测状态概率矩阵为

$$B=\begin{pmatrix}0.5 & 0.5\\0.4 & 0.6\\0.7 & 0.3\end{pmatrix}$$

11.1.4 HMM 观测序列的生成

从 11.1.3 节的示例可以抽象出 HMM 观测序列生成的过程。

算法 11.1 HMM 观测序列生成

输入的是 HMM 的模型 $\lambda=(\boldsymbol{A},\boldsymbol{B},\boldsymbol{\Pi})$，观测序列的长度 T；

输出是观测序列 $O=\{o_1,o_2,\cdots,o_T\}$。

生成的过程如下：

(1) 根据初始状态概率分布 Π 生成隐藏状态 i_1。

(2) for t from 1 to T：①按照隐藏状态 i_t 的观测状态分布 $b_{it}(k)$ 生成观察状态 o_t；②按照隐藏状态 i_t 的状态转移概率分布 $a_{i_t,i_{t+1}}$ 产生隐藏状态 i_{t+1}；③所有的 o_t 一起形成观测序列 $O=\{o_1,o_2,\cdots,o_T\}$。

11.1.5 HMM 的三个基本问题

HMM 一共有三个经典的问题需要解决。

(1) 评估观察序列概率。即给定模型 $\lambda=(\boldsymbol{A},\boldsymbol{B},\boldsymbol{\Pi})$ 和观测序列 $O=\{o_1,o_2,\cdots,o_T\}$，计算在模型 λ 下观测序列 O 出现的概率 $P(O|\lambda)$。这个问题的求解需要用到前向、后向算法，这个问题是 HMM 三个问题中最简单的。

(2) 模型参数学习问题。即给定观测序列 $O=\{o_1,o_2,\cdots,o_T\}$，估计模型 $\lambda=(\boldsymbol{A},\boldsymbol{B},\boldsymbol{\Pi})$ 的参数，使该模型下观测序列的条件概率 $P(O|\lambda)$ 最大。这个问题的求解需要用到基于 EM 算法的鲍姆－韦尔奇算法，这个问题是 HMM 三个问题中最复杂的[4]。

(3) 预测问题，也称解码问题。即给定模型 $\lambda=(\boldsymbol{A},\boldsymbol{B},\boldsymbol{\Pi})$ 和观测序列 $O=\{o_1,o_2,\cdots,o_T\}$，求给定观测序列条件下最可能出现的对应的状态序列。这个问题的求解需要用到基于动态规划的维特比算法，这个问题是 HMM 三个问题中复杂度居中的算法。

11.1.6 代码示例

实现代码如下：

```
# encoding = utf8
import numpy as np
import csv
class HMM(object):
    def __init__(self,N,M):
        self.A = np.zeros((N,N))            # 状态转移概率矩阵
```

```
        self.B = np.zeros((N,M))                  # 观测概率矩阵
        self.Pi = np.array([1.0/N] * N)           # 初始状态概率矩阵
        self.N = N                                # 可能的状态数
        self.M = M                                # 可能的观测数
    def cal_probality(self, O):
        self.T = len(O)
        self.O = O
        self.forward()
        return sum(self.alpha[self.T-1])
    def forward(self):
        # 前向算法
        self.alpha = np.zeros((self.T,self.N))

        for i in range(self.N):
            self.alpha[0][i] = self.Pi[i] * self.B[i][self.O[0]]

        for t in range(1,self.T):
            for i in range(self.N):
                sum = 0
                for j in range(self.N):
                    sum += self.alpha[t-1][j] * self.A[j][i]
                self.alpha[t][i] = sum * self.B[i][self.O[t]]
    def backward(self):
        # 后向算法
        self.beta = np.zeros((self.T,self.N))
        for i in range(self.N):
            self.beta[self.T-1][i] = 1

        for t in range(self.T-2, -1, -1):
            for i in range(self.N):
                for j in range(self.N):
                    self.beta[t][i] += self.A[i][j] * self.B[j][self.O[t+1]] * self.beta[t+1][j]
    def cal_gamma(self, i, t):
        numerator = self.alpha[t][i] * self.beta[t][i]
        denominator = 0
        for j in range(self.N):
            denominator += self.alpha[t][j] * self.beta[t][j]
        return numerator/denominator
    def cal_ksi(self, i, j, t):
        numerator = self.alpha[t][i] * self.A[i][j] * self.B[j][self.O[t+1]] * self.beta[t+1][j]
        denominator = 0
```

```
        for i in range(self.N):
            for j in range(self.N):
                denominator += self.alpha[t][i] * self.A[i][j] * self.B[j][self.O[t+1]] * self.beta[t+1][j]
        return numerator/denominator
    def init(self):
        # 随机生成 A,B,Π,并保证每行相加等于 1
        import random
        for i in range(self.N):
            randomlist = [random.randint(0,100)for t in range(self.N)]
            Sum = sum(randomlist)
            for j in range(self.N):
                self.A[i][j] = randomlist[j]/Sum
        for i in range(self.N):
            randomlist = [random.randint(0,100)for t in range(self.M)]
            Sum = sum(randomlist)
            for j in range(self.M):
                self.B[i][j] = randomlist[j]/Sum
    def train(self, O, MaxSteps = 100):
        self.T = len(O)
        self.O = O
        # 初始化
        self.init()
        step = 0
        # 递推
        while step<MaxSteps:
            step +=1
            print(step)
            tmp_A = np.zeros((self.N,self.N))
            tmp_B = np.zeros((self.N,self.M))
            tmp_pi = np.array([0.0] * self.N)
            self.forward()
            self.backward()
            # a_{ij}
            for i in range(self.N):
                for j in range(self.N):
                    numerator=0.0
                    denominator=0.0
                    for t in range(self.T-1):
                        numerator += self.cal_ksi(i,j,t)
                        denominator += self.cal_gamma(i,t)
                    tmp_A[i][j] = numerator/denominator
            # b_{jk}
```

```
        for j in range(self.N):
            for k in range(self.M):
                numerator = 0.0
                denominator = 0.0
                for t in range(self.T):
                    if k = = self.O[t]:
                        numerator + = self.cal_gamma(j,t)
                    denominator + = self.cal_gamma(j,t)
                tmp_B[j][k] = numerator /denominator
        # Π_i
          for i in range(self.N):
              tmp_pi[i] = self.cal_gamma(i,0)
            self.A = tmp_A
          self.B = tmp_B
          self.Pi = tmp_pi
    def generate(self, length):
        import random
        I = []
        ran = random.randint(0,1000)/1000.0
        i = 0
        while self.Pi[i] <ran or self.Pi[i] <0.0001:
            ran - = self.Pi[i]
            i + =1
        I.append(i)
        # 生成状态序列
        for i in range(1,length):
            last = I[ -1]
            ran = random.randint(0, 1000) /1000.0
            i = 0
            while self.A[last][i] < ran or self.A[last][i] <0.0001:
                ran - = self.A[last][i]
                i + = 1
            I.append(i)
        # 生成观测序列
        Y = []
        for i in range(length):
            k = 0
            ran = random.randint(0, 1000) /1000.0
            while self.B[I[i]][k] < ran or self.B[I[i]][k] <0.0001:
                ran - = self.B[I[i]][k]
                k + = 1
            Y.append(k)
        return Y
```

```
def triangle(length):
    # 三角波
    X =[ifor i in range(length)]
    Y =[]
    for x in X:
        x = x % 6
        if x < = 3:
            Y.append(x)
        else:
            Y.append(6 -x)
    return X,Y
def sin(length):
    # 正弦波
    import math
    X =[i  for i in range(length)]
    Y =[]
    for x in X:
        x = x % 20
        Y.append(int(math.sin((x * math.pi)/10) *50) +50)
    return X,Y

def show_data(x,y):
    import matplotlib.pyplot as plt
    plt.plot(x, y,'g')
    plt.show()
    return y
if __name__ = = '__main__':
    hmm = HMM(10,4)
    tri_x, tri_y = triangle(20)
    hmm.train(tri_y)
    y = hmm.generate(100)
    x = [ifor i in range(100)]
    show_data(x,y)
```

11.2 关联规则挖掘

11.2.1 关联规则介绍

关联规则挖掘是数据挖掘中最活跃的研究方法之一，它旨在使用一些有趣的方法来识别在数据库中发现的规则[5]。基于强规则的概念，Rakesh Agrawal、TomaszImieliński 和 Arun Swami[6]引入了关联规则，用于发现超市中通过销售系统记录的大规模交易数据中产品之间的规律性。

这里有一则沃尔玛超市的趣闻。沃尔玛曾经对数据仓库中一年多的原始交易数据进行了详细的分析，发现与尿布一起被购买最多的商品竟然是啤酒。借助数据仓库和关联规则，发现了这个隐藏在背后的事实：美国的妇女经常会嘱咐丈夫下班后为孩子买尿布，而 30% ~ 40% 的丈夫在买完尿布之后又要顺便购买自己爱喝的啤酒。根据这个发现，沃尔玛调整了货架的位置，把尿布和啤酒放在一起销售，大大增加了销量。

这里借用一个引例来介绍关联规则挖掘[7]，以表 11 -2 为例说明。

表 11 -2　某超市的交易数据库

交易号 TID	顾客购买的商品	交易号 TID	顾客购买的商品
T1	面包，奶油，牛奶，茶	T6	面包，茶
T2	面包，奶油，牛奶	T7	啤酒，牛奶，茶
T3	蛋糕，牛奶	T8	面包，茶
T4	牛奶，茶	T9	面包，奶油，牛奶，茶
T5	面包，蛋糕，牛奶	T10	面包，牛奶，茶

1. 基本概念

定义一　设 $I=\{i_1,i_2,\cdots,i_m\}$ 是 m 个不同项目的集合，每个 i_k 称为一个项目。项目的集合 I 称为项集。其元素的个数称为项集的长度，长度为 k 的项集称为 k -项集。示例中每个商品就是一个项目，项集为

$$I=\{面包,啤酒,蛋糕,奶油,牛奶,茶\},I\text{ 的长度为 }6$$

定义二　每笔交易 T 是项集 I 的一个子集。对应每一个交易有一个唯一标识交易号，记为 TID。交易全体构成了交易数据库 D，$|D|$ 等于 D 中交易的个数。引例中包含 10 笔交易，因此 $|D|=10$。

定义三　对于项集 X，设定 $\text{count}(X\subseteq T)$ 为交易集 D 中包含 X 的交易的数量，则项集 X 的支持度为

$$\text{support}(X)=\frac{\text{count}(X\subseteq T)}{|D|} \tag{11.4}$$

引例中 $X=\{面包,牛奶\}$ 出现在 $T1$、$T2$、$T5$、$T9$ 和 $T10$ 中，所以支持度为 0.5。

定义四　最小支持度是项集的最小支持阈值，记为 SUP_{min}，代表了用户关心的关联规则的最低重要性。支持度不小于 SUP_{min} 的项集称为频繁集，长度为 k 的频繁集称为 k -频繁集。如果设定 SUP_{min} 为 0.3，引例中 $\{面包,牛奶\}$ 的支持度是 0.5，所以是 2 -频繁集。

定义五　关联规则是一个蕴含式：

$$R:X\Rightarrow Y$$

其中 $X\subset I$，$Y\subset I$，并且 $X\cap Y=\varnothing$。表示项集 X 在某一交易中出现，则导致 Y 也会以某一概率出现。用户关心的关联规则，可以用两个标准来衡量：支持度和可信度。

定义六　关联规则 R 的支持度是交易集同时包含 X 和 Y 的交易数与 $|D|$ 之比，即

$$\text{support}(X\Rightarrow Y)=\frac{\text{count}(X\cap Y)}{|D|} \tag{11.5}$$

支持度反映了 X、Y 同时出现的概率。关联规则的支持度等于频繁集的支持度。

定义七　对于关联规则 R，可信度是指包含 X 和 Y 的交易数与包含 X 的交易数之比，即

$$\text{confidence}(X \Rightarrow Y)=\frac{\text{support}(X \Rightarrow Y)}{\text{support}(X)} \tag{11.6}$$

可信度反映了如果交易中包含 X，则交易包含 Y 的概率。一般来说，只有支持度和可信度较高的关联规则才是用户感兴趣的。

定义八 设定关联规则的最小支持度和最小可信度为 SUP_{min} 和 $CONF_{min}$。规则 R 的支持度和可信度均不小于 SUP_{min} 和 $CONF_{min}$，则称为强关联规则。关联规则挖掘的目的就是找出强关联规则，从而指导商家的决策。

这 8 个定义包含了关联规则相关的几个重要基本概念，关联规则挖掘主要有两个问题：

（1）找出交易数据库中所有大于或等于用户指定的最小支持度的频繁项集。

（2）利用频繁项集生成所需要的关联规则，根据用户设定的最小可信度筛选出强关联规则。

其中，问题（1）是关联规则挖掘算法的难点，下面介绍的 Apriori 算法和 FP－growth 算法都是解决问题（1）的算法。

11.2.2 Apriori 算法

算法 11.2 Apriori 算法

（1）第一次扫描交易数据库 D 时，产生 1－频繁集。在此基础上经过连接、修剪产生 2－频繁集。以此类推，直到无法产生更高阶的频繁集为止。

（2）在第 k 次循环中，也就是产生 k－频繁集时，首先产生 k－候选集，k－候选集中每一个项集都是对两个只有一个项不同的属于 $k-1$ 频繁集的项集连接产生的。

（3）k－候选集经过筛选后产生 k－频繁集。

从频繁集的定义可以很容易地推导出如下结论：

如果项目集 X 是频繁集，那么它的非空子集都是频繁集；如果 k－候选集中的项集 Y 包含某个 $k-1$ 阶子集不属于 $k-1$ 频繁集，那么 Y 就不可能是频繁集，应该从候选集中裁剪掉。Apriori 算法就是利用了频繁集的这个性质。Apriori 算法如图 11－1 所示。

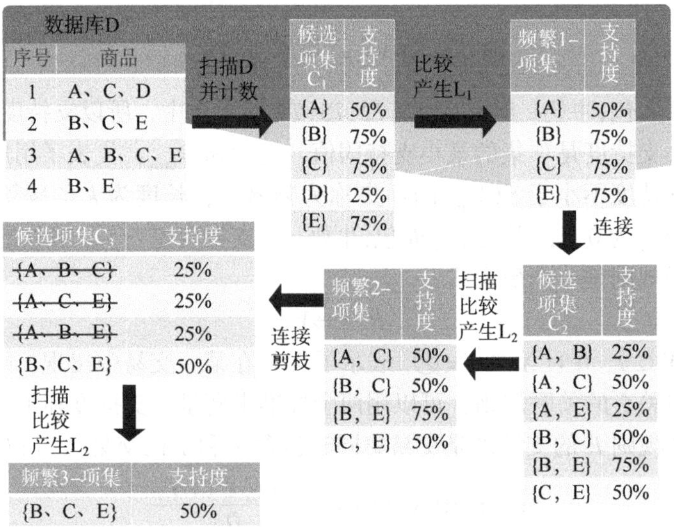

图 11－1 Apriori 算法示例

11.2.3　FP - growth 算法

Aprori 算法利用频繁集的两个特性，过滤了很多无关的集合，效率提高不少。但是我们发现 Apriori 算法是一个候选消除算法，每一次消除都需要扫描一次所有数据记录，造成整个算法在面临大数据集时显得无能为力。

FP - growth 算法是韩家炜等在 2000 年提出的关联分析算法[8]。它通过构造一个树结构来压缩数据记录，使得挖掘频繁项集只需要扫描两次数据记录，而且该算法不需要生成候选集合，所以效率会比较高。它使用了分而治之的策略[9]。此方法的核心是使用一种特殊的数据结构，该结构称为频繁模式树（Frequent Pattern Tree，FP - tree），该结构保留项集关联信息。

FP - growth 算法的平均效率远高于 Apriori 算法，但是它并不能保证高效率，它的效率依赖于数据集，当数据集中的频繁项集没有公共项时，所有的项集都挂在根结点上，不能实现压缩存储，而且 FP - tree 还需要其他开销，需要的存储空间更大。使用 FP - growth 算法前，需要对数据进行分析，看是否适用 FP - growth。

11.2.4　幸存者偏差

第二次世界大战期间，盟军需要对战斗机进行装甲加厚，以提高生还率，但由于军费有限，只能进行局部升级。那么问题来了，究竟哪个部位最关键，最值得把装甲加厚来抵御敌方炮火呢？人们众口不一，最后决定采用统计调查的方式来解决，即仔细检查每一驾战斗机返回时受到的损伤程度，计算出飞机整体的受弹状况，然后根据大数据分析决定。不久，统计数据出炉：盟军飞机普遍受弹最严重的地方是机翼，而受弹最轻的地方是驾驶舱及尾部发动机，如图 11 - 2 所示。

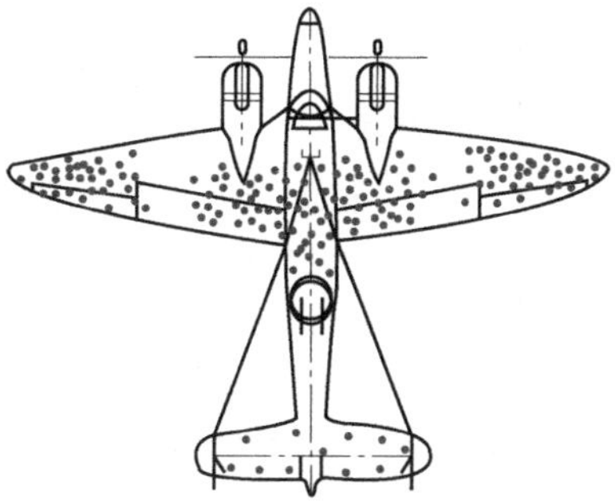

图 11 - 2　飞机整体的受弹状况

正当所有人拿着这份确凿无疑的报告准备给机翼加厚装甲时，统计学家 Abraham Wald 阻拦了他们，同时提出了一个完全相反的方案：加厚驾驶舱与尾部。理由非常简单：这两个位置中弹的飞机都没有回来。换言之，它们是一份沉默的数据——“死人不会说话”。最后，盟军高层纷纷听取了这个建议，加固了驾驶舱与尾部，果然空中战场局势得以好转，驾驶员生还率也大大提高。

这个事例也称为“幸存者偏差”，它是一种典型的由于模型不当而导致的“数据说谎”。

11.2.5　代码示例

用一个简单的数据集描述 Apriori 算法的实现过程。

实现代码如下：

```
#Apriori 算法实现
from numpy import *
def loadDataSet():
    return [[1,3,4],[2,3,5],[1,2,3,5],[2,5]]
#获取候选为 1 的项集,dataSet 为事务集。返回一个 list,每个元素都是 set 集合
```

```
def createC1(dataSet):
    C1 = []          #元素个数为 1 的项集(非频繁项集,因为还没有同最小支持度比较)
    for transaction in dataSet:
        for item in transaction:
            if not [item] in C1:
                C1.append([item])
    C1.sort()    #这里排序是为了生成新的候选集时可以直接认为两个 n 项候选集前面的部分相同
    #因为除了候选 1 项集外其他的候选 n 项集都是以二维列表的形式存在,所以要将候选 1 项集的每一个元素都转化为一个单独的集合。
    return list(map(frozenset, C1))   #map(frozenset, C1)的语义是将 C1 由 Python 列表转换为不变集合(frozenset,Python 中的数据结构)
#找出候选集中的频繁项集
#dataSet 为全部数据集,Ck 为大小为 k(包含 k 个元素)的候选项集,minSupport 为设定的最小支持度
def scanD(dataSet, Ck, minSupport):
    ssCnt = {}                                          #记录每个候选项的个数
    for tid in dataSet:
        for can in Ck:
            if can.issubset(tid):
                ssCnt[can] = ssCnt.get(can, 0) + 1    ##计算每一个项集出现的频率
    numItems = float(len(dataSet))
    retList = []
    supportData = {}
    for key in ssCnt:
        support = ssCnt[key] /numItems
        if support >= minSupport:
            retList.insert(0, key)                      #将频繁项集插入返回列表的首部
        supportData[key] = support
    return retList, supportData   #retList 为在 Ck 中找出的频繁项集(支持度大于 minSupport 的),supportData 记录各频繁项集的支持度
#通过频繁项集列表 Lk 和项集个数 k 生成候选项集 Ck+1。
def aprioriGen(Lk, k):
    retList = []
    lenLk = len(Lk)
    for i in range(lenLk):
        for j in range(i + 1, lenLk):
            #前 k-1 项相同时,才将两个集合合并,合并后才能生成 k+1 项
            L1 = list(Lk[i])[:k-2]; L2 = list(Lk[j])[:k-2]#取出两个集合的前 k-1 个元素
            L1.sort(); L2.sort()
```

```
            if L1 == L2:
                retList.append(Lk[i] | Lk[j])
    return retList
# 获取事务集中所有的频繁项集
# Ck 表示项数为 k 的候选项集,最初的 C1 通过 createC1()函数生成。Lk 表示项数为 k 的频繁项集,supK 为其支持度,Lk 和 supK 由 scanD()函数通过 Ck 计算而来。
def apriori(dataSet, minSupport=0.5):
    C1 = createC1(dataSet)                        # 从事务集中获取候选 1 项集
    D = list(map(set, dataSet))                   # 将事务集的每个元素转化为集合
    L1, supportData = scanD(D, C1, minSupport)    # 获取频繁 1 项集和对应的支持度
    L = [L1]# L 用来存储所有的频繁项集
    k = 2
    while (len(L[k-2]) > 0): # 一直迭代到项集数目过大而在事务集中不存在这种 n 项集
        Ck = aprioriGen(L[k-2], k)                # 根据频繁项集生成新的候选项集,Ck 表示项数为 k 的候选项集
        Lk, supK = scanD(D, Ck, minSupport)       # Lk 表示项数为 k 的频繁项集,supK 为其支持度
        L.append(Lk);supportData.update(supK)     # 添加新频繁项集和它们的支持度
        k += 1
    return L, supportData

if __name__ =='__main__':
    dataSet = loadDataSet()                       # 获取事务集,每个元素都是列表
    # C1 = createC1(dataSet)                      # 获取候选 1 项集,每个元素都是集合
    # D = list(map(set, dataSet))                 # 转化事务集的形式,每个元素都转化为集合
    # L1, suppDat = scanD(D, C1, 0.5)
    # print(L1,suppDat)
    L, suppData = apriori(dataSet,minSupport=0.7)
print(L,suppData)
```

参考文献

[1] Starner T, Pentland A. Real-time american sign Language recognition from video using hidden markov models [M] // Motion-bused recognition. Springer, Dordrecht, 1997: 227-243.

[2] Li N, Stephens M. Modeling linkage disequilibrium and identifying recombination hotspots using single-nucleotide polymorphism data [J]. Genetics, 2003, 165 (4): 2213-2233.

[3] 李航. 统计学习方法 [M]. 北京: 清华大学出版社, 2012.

[4] 王运运, 尹慧琳. 基于 AIOHMM 模型的驾驶行为预测 [J]. 信息通信, 2019, 3: 50.

[5] Piatetsky - Shapiro G. Discovery, analysis, and presentation of strong rules [M]. Knowledge Discovery in Databases, Cambridge AAAI/MIT Press, 1991: 229 -248.
[6] 韩慧. 数据仓库与数据挖掘 [M]. 北京: 清华大学出版社, 2009.
[7] Rakesh Agrawal and Tomasz lmieliński and Arun Swanui. Mining associulion rules between sets of items in large databases [J]. Acm SIGMOD Record, 1993, 22 (2): 207 -216.
[8] Han J, Pei J, Yin Y. Mining frequent patterns without candidate generation [J]. ACM Sigmod Record, 2000, 29 (2): 1 -12.
[9] Han J, Kamber M. Data Mining: Concepts and Techniques [M]. New York, Elsevier, 2011.

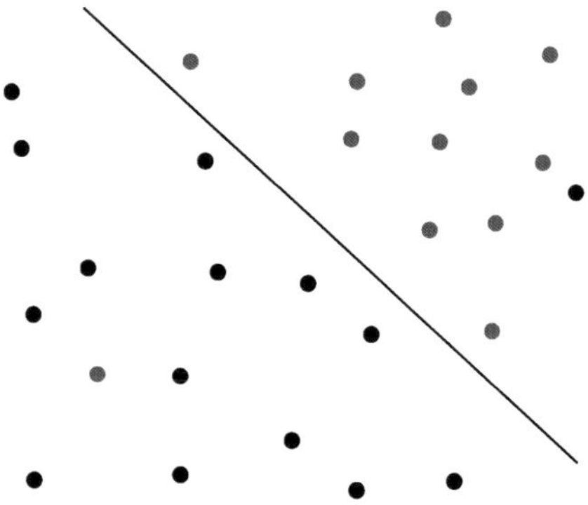

图 6－2　异常点影响超平面的选择

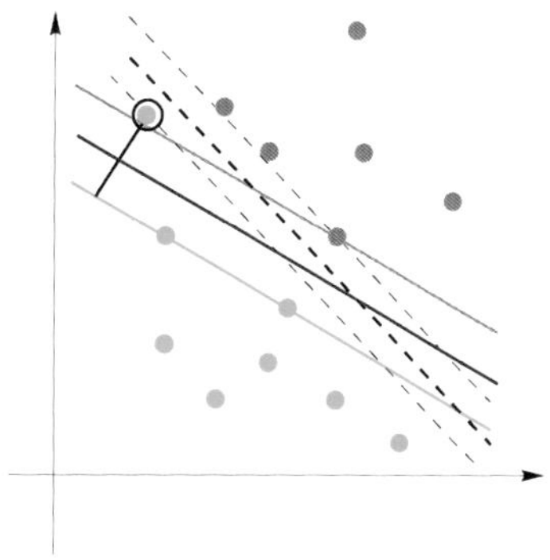

图 6－3　异常点影响模型预测效果

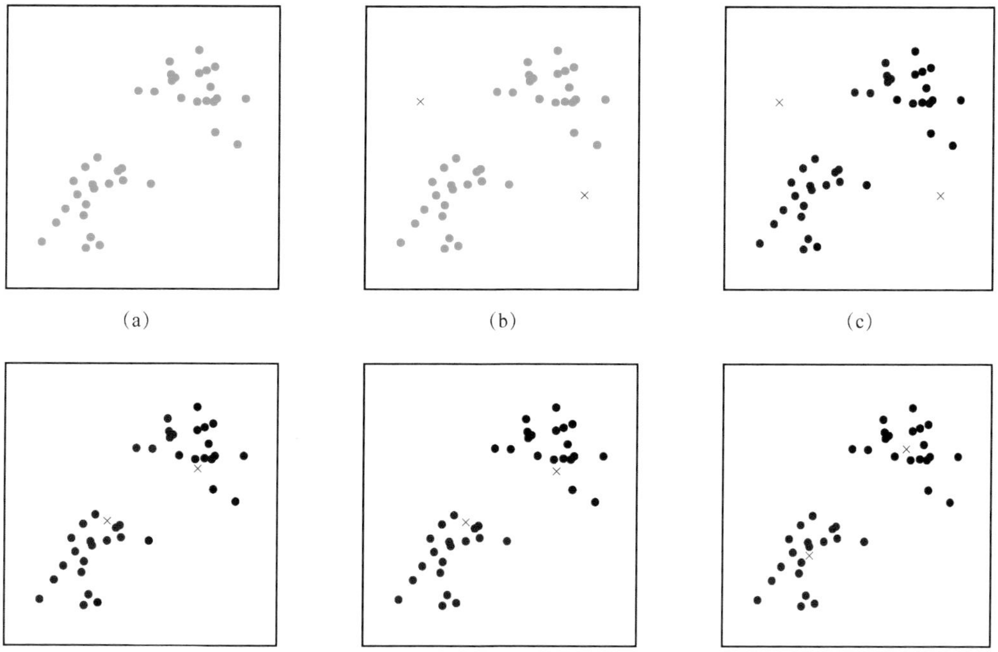

(a)　(b)　(c)

(d)　(e)　(f)

图 9－1　*K*－Means 的启发式方式

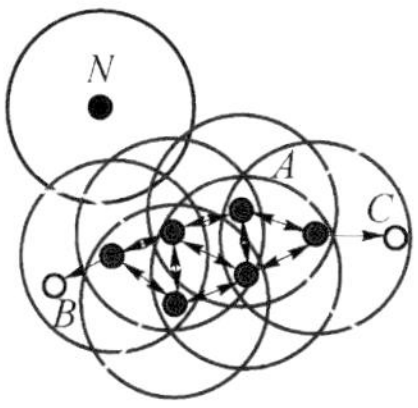

图 9－2　DBSCAN 基本概念